排污单位自行监测技术指南教程
——土壤和地下水

生态环境部生态环境监测司
中国环境监测总站
北京市生态环境保护科学研究院
江苏省南京环境监测中心
编著

中国环境出版集团·北京

图书在版编目（CIP）数据

排污单位自行监测技术指南教程. 土壤和地下水 / 生态环境部生态环境监测司等编著. -- 北京 ： 中国环境出版集团, 2026. 1. -- ISBN 978-7-5111-6383-7

Ⅰ. X506; X52; X53

中国国家版本馆CIP数据核字第2025QA5272号

责任编辑 王　焱
封面设计 宋　瑞

出版发行 中国环境出版集团
（100062　北京市东城区广渠门内大街 16 号）
网　　址：http：//www.cesp.com.cn
电子邮箱：bjgl@cesp.com.cn
联系电话：010-67112765（编辑管理部）
发行热线：010-67125803，010-67113405（传真）

印　　刷 北京建宏印刷有限公司
经　　销 各地新华书店
版　　次 2026 年 1 月第 1 版
印　　次 2026 年 1 月第 1 次印刷
开　　本 787×960　1/16
印　　张 11.5
字　　数 214 千字
定　　价 68.00 元

“排污单位自行监测技术指南教程”
编审委员会

主　任　蒋火华　张大伟

副主任　邢　核　王锷一

委　员　董明丽　敬　红　王军霞　何　劲

《排污单位自行监测技术指南教程——土壤和地下水》
编写委员会

主　　编　张文航　马　琳　姜　林　夏天翔　梁　竞
　　　　　董艳平　李宗超　敬　红　王军霞

编写人员（按姓氏笔画排序）

王　成　王　珂　王　勇　王　鹏　王　鑫
王伟民　韦　超　孔　川　叶鑫涛　冯　宇
冯　欢　冯亚玲　吕　卓　吕明益　任立博
刘茂辉　刘通浩　刘常永　齐　硕　孙国翠
杜冰冰　杜谨宏　李　曼　李艳丹　李莉娜
杨正标　杨伟伟　杨依然　吴志远　邱立莉
何青青　张　震　陈敏敏　岳　元　赵文江
赵银慧　秦承华　夏　青　高晨光　董　鑫

序

生态环境是关系党的使命宗旨的重大政治问题，也是关系民生的重大社会问题。党中央、国务院高度重视生态环境保护工作，党的十八大将生态文明建设作为中国特色社会主义事业“五位一体”总体布局的重要组成部分。党的十九大报告全面阐述了加快生态文明体制改革、推进绿色发展、建设美丽中国的战略部署，党的二十大报告明确指出全面实行排污许可制，健全现代环境治理体系。习近平生态文明思想开启了新时代生态环境保护工作的新阶段，习近平总书记在全国生态环境保护大会上指出生态文明建设是关乎中华民族永续发展的根本大计。党的十八大以来，党中央以前所未有的力度抓生态文明建设，全党全国推动绿色发展的自觉性和主动性显著增强，美丽中国建设迈出重大步伐，我国生态环境保护发生历史性、转折性、全局性变化。

生态环境部组建以来，统一行使生态和城乡各类污染排放监管与行政执法职责，提高污染排放标准，强化排污者责任，健全环保信用评价、信息强制性披露、严惩重罚等制度，形成了政府为主导、企业为主体、社会组织和公众共同参与的环境治理体系。生态环境监测是生态环境保护工作的重要基础，是环境管理的基本手段。《中华人民共和国土壤污染防治法》明确要求土壤污染重点监管单位应当制定、实施自行监测方案，并将监测数据报生态环境主管部门。自行监测是土壤污染重点监管单位法定的责任和义务。

为规范和指导排污单位开展自行监测工作，生态环境部发布了一系列排污单位自行监测技术指南。同时，为帮助各级生态环境管理部门和排污单位更好地应用技术指南，生态环境部生态环境监测司组织中国环境监测总站等单位编写了排污单位自行监测技术指南教程系列图书，将排污单位自行监测技术指南分类解析，既突出对理论的解读，又兼顾实践的应用，具有很强的指导意义。本系列图书既可以作为各级生态环境管理部门、各研究机构、企事业单位环境监测人员的工作用书和培训教材，还可以作为大众学习的科普图书。

自行监测数据承载了大量污染排放和治理信息，是生态环保大数据重要的信息源，是排污许可证申请与核发等新时期环境管理的有力支撑。随着生态环境质量的不断改善、环境管理的不断深化，排污单位自行监测制度也将不断完善和改进。希望本系列图书的出版能为推进排污单位自行监测管理水平、落实企业自行监测主体责任发挥重要作用，为深入打好污染防治攻坚战作出应有的贡献。

编　者

2024 年 12 月

前　言

1972 年以来，我国生态环境保护工作从最初的意识启蒙阶段，经历了环境污染蔓延和加剧期的规模化、综合化治理，主要污染物总量控制等阶段，逐渐发展到以环境质量改善为核心的环境保护思路上来。为顺应生态环境保护工作的发展趋势，进一步规范企事业单位和其他生产经营者排污行为，控制污染物排放，自 2016 年以来，我国实施以排污许可制度为核心的固定污染源管理制度，在政府部门监督/执法监测的基础上，强化了排污单位自行监测要求，排污单位自行监测成为污染源监测的重要组成部分。

排污单位自行监测是排污单位依据相关法律、法规和技术规范对自身的排污状况开展监测的一系列活动。《中华人民共和国环境保护法》第四十二条、《中华人民共和国大气污染防治法》第二十四条、《中华人民共和国水污染防治法》第二十三条、《中华人民共和国土壤污染防治法》第二十一条、《中华人民共和国固体废物污染环境防治法》第五十六条、《中华人民共和国噪声污染防治法》第三十八条、《中华人民共和国环境保护税法》第十条和《排污许可管理条例》第十九条均对排污单位的自行监测提出了明确要求，排污单位开展自行监测是法律赋予的责任和义务，也是排污单位自证守法、自我保护的重要手段和途径。

为规范和指导土壤污染重点监管单位开展自行监测，2021 年 11 月，生态环境部颁布了《工业企业土壤和地下水自行监测技术指南（试行）》(HJ 1209—2021)。为进一步规范土壤污染重点监管单位自行监测行为，提高自行监测质量，在生态环境部生态环境监测司指导下，中国环境监测总站、北京市生态环境保护科学研究院、江苏省南京环境监测中心共同编写了《排污单位自行监测技术指南教程——土壤和地下水》。本书共分 8 章。第 1 章从我国污染源监测的发展历程及管理的框架出发，引出了排污单位自行监测在当前污染源监测管理中的定位及一些管理规定，并理顺了《排污单位自行监测技术指南　总则》与行业自行监测技术指南的关系。第 2 章主要介绍了我国工业企业土壤环境管理工作的发展历程、管理技术体系现状及发展方向。第 3 章主要介绍了土壤污染重点监管单位开展自行监测的一般要求，从制定监测方案、建设与管理监测设施、实施监测方案、监测质量保证与质量控制、报送和公开监测数据五个方面进行了概述。第 4 章对工业企业土壤和地下水自行监测技术指南自行监测方案中重点监测单元、监测点位、监测指标与频次、监测方案变更等要求进行了解释说明。第 5 章对样品采集、保存、流转、制备与分析要求进行全面梳理和总结。第 6 章对土壤和地下水监测数据的趋势分析和异常情况判断的常见方法进行了梳理。第 7 章对监测过程的质量保证与质量控制进行了简要概述，为提高自行监测数据质量奠定了基础。第 8 章围绕土壤和地下水自行监测报告的编制进行说明，为土壤污染重点监管单位编制土壤和地下水自行监测报告、公开监测数据及信息提供参考。

本书在附录中列出了与自行监测相关的标准规范，以方便土壤污染重点监管单位在使用时查询和索引。另外，还给出了一些记录样表和自行监测方案模板，为土壤污染重点监管单位提供参考。

编　者

2024 年 12 月

目　录

第 1 章　排污单位自行监测定位与管理要求

污染源监测作为环境监测的重要组成部分，与我国环境保护工作同步发展，40 多年来不断发展壮大，现已基本形成了排污单位自行监测、管理部门监督/执法监测、社会公众监督的基本框架。排污单位自行监测是国家治理体系和治理能力现代化发展的需要，是排污单位应尽的社会责任，是法律明确要求的义务，也是排污许可制度的重要组成部分。

为规范排污单位自行监测行为，生态环境部发布了一系列排污单位自行监测技术指南，构建了“1+43+1”的排污单位自行监测技术指南体系，以《排污单位自行监测技术指南　总则》（HJ 819—2017）（以下简称《总则》）为统领，以 43 项重点行业和通用工序为主体，以《工业企业土壤和地下水自行监测　技术指南（试行）》（HJ 1209—2021）（以下简称《土壤和地下水指南》）为要素补充，共 45 项。按照生态环境统计结果分析，“1+43+1”设计体系可覆盖主要污染物排放量占比 95%以上的大部分行业，能够有效地支撑排污许可制度的实施。

本章围绕排污单位自行监测定位和管理要求，对排污单位自行监测在我国污染源监测管理制度中的定位、排污单位自行监测管理要求、排污单位自行监测技术指南定位及总体思路进行介绍。

1.1 我国污染源监测管理框架

1972年以来，我国环境保护工作经历了环境保护意识启蒙阶段（1972—1978年）、环境污染蔓延和环境保护制度建设阶段（1979—1992年）、环境污染加剧和规模化治理阶段（1993—2001年）、环保综合治理阶段（2002—2012年）。集中的污染治理，尤其是严格的主要污染物总量控制，有效遏制了环境质量恶化趋势，但仍未实现环境质量的全面改善。“十三五”时期以来，我国环境保护思路转向以环境质量改善为核心。

与环境保护工作相适应，我国环境监测大致经历了3个阶段：第一阶段是污染调查监测与研究性监测阶段；第二阶段是污染源监测与环境质量监测并重阶段；第三阶段是环境质量监测与污染源监督监测阶段。

根据污染源监测在环境管理中的地位和实施情况，将污染源监测划分为3个阶段：严格的总量控制制度之前（“十一五”时期之前），污染源监测主要服务于工业污染源调查和环境管理“八项制度”；严格的总量控制制度时期（“十一五”时期和“十二五”时期），污染源监测围绕总量控制制度开展总量减排监测；以环境质量改善为核心阶段时期（“十三五”时期以来），污染源监测主要服务于环境保护执法和排污许可制实施。

目前，我国基本形成排污单位自行监测、生态环境主管部门依法监管、社会公众监督的污染源监测管理框架（图1-1），2021年3月1日正式实施的《排污许可管理条例》，从法律层面确立了以排污许可制为核心的固定污染源监管制度体系，进一步完善了以排污单位自行监测为主线、政府监督监测为抓手、鼓励社会公众广泛参与的污染源监测管理模式。排污单位开展自行监测，按要求向生态环境主管部门报告，向社会公众进行公开，同时接受生态环境主管部门的监管和社会公众的监督。生态环境主管部门向社会公众公布相关信息的同时受理社会公众有关情况的举报。

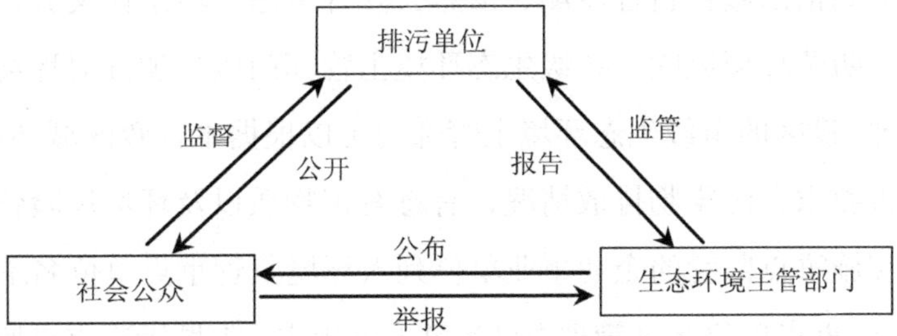

图 1-1　污染源监测管理框架体系

1.1.1　排污单位的分类及土壤污染重点监管单位的划定范围

我国的水、大气、噪声、土壤等污染防治法律，对重点排污单位的监测责任提出了明确要求，并提出重点排污单位的条件由国务院生态环境保护主管部门规定。为了落实《中华人民共和国环境保护法》《中华人民共和国大气污染防治法》《中华人民共和国水污染防治法》，2017 年环境保护部印发了《重点排污单位名录管理规定（试行）》（环办监测〔2017〕86 号），明确了重点排污单位的筛选条件，规范了重点排污单位的名录管理；2022 年，生态环境部发布了《环境监管重点单位名录管理办法》（生态环境部令　第 27 号），更新了对环境监管重点单位名录的确定要求。

根据《环境监管重点单位名录管理办法》的规定，环境监管重点单位包括依法确定的水环境重点排污单位、地下水污染防治重点排污单位、大气环境重点排污单位、噪声重点排污单位、土壤污染重点监管单位，以及环境风险重点管控单位等六大类别，同一企业事业单位可以同时属于不同类别的环境监管重点单位。国务院生态环境主管部门负责指导、协调和监督环境监管重点单位名录的确定和管理，建立、运行环境监管重点单位名录信息平台。省级生态环境主管部门负责协调和监督本行政区域环境监管重点单位名录的确定和发布。设区的市级生态环境主管部门负责本行政区域环境监管重点单位名录的确定、管理和发布。环境监管重点单位应当依法履行自行监测、信息公开等生态环境法律义务，采取措施防治环境污染，防范环境风险。各级生态环境主管部门应当加强对环境监管重点单位的监督管理。设区的市级生态环境主管部门可以根据本行政区域环境质量状况、环境质量改善要求、污染物排放情况、有毒有害物质以及环境风险管控要求等，将确有必要实施重点监管的企业事业单位列入环境监管重点单位名录。

《环境监管重点单位名录管理办法》第十条规定：土壤污染重点监管单位应当根据本行政区域土壤污染防治需要、有毒有害物质排放情况等因素确定。

具备下列条件之一的，应当列为土壤污染重点监管单位：

1）有色金属矿采选、有色金属冶炼、石油开采、石油加工、化工、焦化、电镀、制革行业规模以上企业；

2）位于土壤污染潜在风险高的地块，且生产、使用、贮存、处置或者排放有毒有害物质的企业；

3）位于耕地土壤重金属污染突出地区的涉镉排放企业。

1.1.2 排污单位开展自行监测，并按照要求进行信息公开

近年来，我国大力推进排污单位自行监测和信息公开，《中华人民共和国环境保护法》《中华人民共和国大气污染防治法》《中华人民共和国水污染防治法》《中华人民共和国环境保护税法》《中华人民共和国土壤污染防治法》《中华人民共和国固体废物污染环境防治法》《中华人民共和国噪声污染防治法》等相关法律中均明确了排污单位自行监测和信息公开的责任。

在具体生态环境管理制度上，多项制度将排污单位自行监测和信息公开的责任进行落实和明确。2013 年，环境保护部发布了《国家重点监控企业自行监测及信息公开办法（试行）》（环发〔2013〕81 号），将国家重点监控企业自行监测和信息公开率先作为主要污染物总量减排考核的一项指标。2016 年 11 月，国务院办公厅印发了《控制污染物排放许可制实施方案》（国办发〔2016〕81 号），提出控制污染物排放许可制的一项基本原则为："权责清晰，强化监管。排污许可证是企

事业单位在生产运营期接受环境监管和环境保护部门实施监管的主要法律文书。企事业单位依法申领排污许可证，按证排污，自证守法。环境保护部门基于企事业单位守法承诺，依法发放排污许可证，依证强化事中事后监管，对违法排污行为实施严厉打击。”

1.1.3　生态环境管理部门组织开展监督/执法监测，实现测管协同

随着各项法律明确了排污单位自行监测的主体地位，管理部门的监测活动更加聚焦于执法、监督目的。《生态环境监测网络建设方案》（国办发〔2015〕56 号）要求：“实现生态环境监测与执法同步。各级环境保护部门依法履行对排污单位的环境监管职责，依托污染源监测开展监管执法，建立监测与监管执法联动快速响应机制，根据污染物排放和自动报警信息，实施现场同步监测与执法。”

《生态环境监测规划纲要（2020—2035 年）》（环监测〔2019〕86 号，以下简称《纲要》）提出，构建“国家监督、省级统筹、市县承担、分级管理”格局。落实自行监测制度，强化自行监测数据质量监督检查，督促排污单位规范监测、依证排放，实现自行监测数据真实可靠。建立完善监督制约机制，各级生态环境主管部门依法开展监督监测和抽查抽测。为落实《纲要》要求，各级生态环境主管部门按照“双随机、一公开”原则，组织开展执法监测。通过排污单位证后许可监测监管，加强对排污单位自行监测数据质量和排放状况的监督，指导排污单位改进自行监测工作，从而更好地提升排污单位自行监测水平。

《关于进一步加强固定污染源监测监督管理的通知》（环办监测〔2023〕5 号）进一步提出，坚持精准治污、科学治污、依法治污，以固定污染源排污许可制为核心，构建排污单位依证监测、政府依法监管、社会共同监督的固定污染源监测监督管理的新格局，为深入打好污染防治攻坚战提供有力支撑。

1.1.4　社会公众参与监督，合力提升污染源监测质量

我国污染源量大面广，仅靠生态环境主管部门的监督远远不够，因此只有发

动群众、实现全民监督，才能使违法排污行为无处遁形。2014 年修订的《中华人民共和国环境保护法》更加明确地赋予了公众环保知情权和监督权，规定“公民、法人和其他组织依法享有获取环境信息、参与和监督环境保护的权利。各级人民政府环境保护主管部门和其他负有环境保护监督管理职责的部门，应当依法公开环境信息、完善公众参与程序，为公民、法人和其他组织参与和监督环境保护提供便利。”

重点排污单位通过各种方式公开自行监测结果，包括依托排污许可制度及平台、依托地方污染源监测信息公开渠道、通过本单位官方网站等。生态环境主管部门执法/监督监测结果也依托排污许可制度及平台、依托地方污染源监测信息公开渠道等方式进行公开。社会公众可通过关注各类监测数据对排污单位及管理部门进行监督，督促排污单位和管理部门提高污染监测质量。

1.2 排污单位自行监测的定位

1.2.1 开展自行监测是构建政府、企业、社会共治的环境治理体系的前提

（1）构建现代环境治理体系的重大意义和总体要求

生态环境治理体系和治理能力是生态环境保护工作推进的基础支撑。2018 年 5 月，习近平总书记在全国生态环境保护大会上强调，要加快建立健全以治理体系和治理能力现代化为保障的生态文明制度体系，确保到 2035 年，生态环境质量实现根本好转，美丽中国目标基本实现；到本世纪中叶，生态环境领域国家治理体系和治理能力现代化全面实现，建成美丽中国。

党的十九大提出构建政府为主导、企业为主体、社会组织和公众共同参与的环境治理体系。党的十九届四中全会将生态文明制度体系建设作为坚持和完善中国特色社会主义制度、推进国家治理体系和治理能力现代化的重要组成部分作出

安排部署，强调实行最严格的生态环境保护制度，严明生态环境保护责任制度，要求健全源头预防、过程控制、损害赔偿、责任追究的生态环境保护体系，构建以排污许可制为核心的固定污染源监管制度体系，完善污染防治区域联动机制和陆海统筹的生态环境治理体系。2020 年 3 月，中共中央办公厅、国务院办公厅印发《关于构建现代环境治理体系的指导意见》，提出了健全环境治理领导责任体系、企业责任体系、全民行动体系、监管体系、市场体系、信用体系和政策法规体系的具体要求。党的二十大提出深入推进环境污染防治，坚持精准治污、科学治污、依法治污，全面实行排污许可制，健全现代环境治理体系。

构建现代环境治理体系，是深入贯彻习近平生态文明思想和全国生态环境保护大会精神的重要举措，是持续加强生态环境保护、满足人民日益增长的优美生态环境需要、建设美丽中国的内在要求，是完善生态文明制度体系、推动国家治理体系和治理能力现代化的重要内容，还将充分展现生态环境治理的中国智慧、中国方案和中国贡献，对全球生态环境治理进程产生重要影响。

坚决落实构建现代环境治理体系，要把握构建现代环境治理体系的总体要求。以习近平新时代中国特色社会主义思想为指导，深入贯彻习近平生态文明思想，坚定不移贯彻新发展理念，以坚持党的集中统一领导为统领，以强化政府主导作用为关键，以深化企业主体作用为根本，以更好动员社会组织和公众共同参与为支撑，实现政府治理和社会调节、企业自治良性互动，完善体制机制，强化源头治理，形成工作合力。

（2）对排污单位自行监测的要求

污染源监测是污染防治的重要支撑，需要各方的共同参与。为适应环境治理体系变革的需要，自行监测应发挥相应的作用，补齐短板，提供便利，为社会共治提供条件。

应改变传统生态环境治理模式中污染治理主体监测缺位现象。长期以来，污染源监测以政府部门监督性监测为主，尤其在“十一五”时期和“十二五”时期总量减排期间，监督性监测得到快速发展，每年对国家重点监控企业按季度开展主要污染物监测，而排污单位在污染源监测中严重缺位。2013年，为了解决单纯依靠环保部门有限的人力和资源难以全面掌握企业污染源状况的问题，环境保护部组织编制了《国家重点监控企业自行监测及信息公开办法（试行）》，大力推进企业开展自行监测。2014年以来，多部生态环境保护相关法律均明确了排污单位自行监测的责任和要求。但是，自行监测数据的法定地位，以及如何在环境管理中应用并没有得到明确，自行监测数据在环境管理中的应用更是十分不足，并没有从根本上解决排污单位在环境治理体系中监测缺位的现象。新的环境治理体系应改变这一现状，使自行监测数据得到充分应用，才能保持多方参与的生命力和活力。

为公众提供便于获取、易于理解的自行监测信息。公众是社会共治环境治理体系的重要主体，公众参与的基础是及时获取信息，自行监测数据是反映排放状况的重要信息。社会的变革为公众参与提供了外在便利条件，为了提高自行监测在环境治理体系中的作用，就要充分利用自媒体、社交媒体等各种先进、便利的条件，为公众提供便于获取、易于理解的自行监测数据和基于数据加工而成的相关信息，为公众高效参与提供重要依据。2022年3月5日，生态环境部办公厅发布《关于环保设施向公众开放小程序正式上线的通知》（环办便函〔2022〕82号），向公众公开了“环保设施向公众开放”小程序，提高设施开放单位和公众参与积极性，指导并督促设施开放单位及时更新信息，为公众了解企业环保设施情况提供了新途径。

1.2.2 开展自行监测是社会责任和法定义务

企业是最主要的生产者，是社会财富的创造者。企业在追求自身利润的同时，向社会提供了产品，满足了人民的日常所需，推进了社会的进步。当然，在当代社会，由于企业是社会中普遍存在的社会组织，其数量众多、类型各异、存在范围广，对社会影响较大。在这种情况下，社会的发展不仅要求企业承担生产经营和创造财富的义务，还要求其承担环境保护、社区建设和消费者权益维护等多方面的责任，这也是企业的社会责任。企业社会责任具有道义责任的属性和法律义务的属性。法律作为一种调整人们行为的规则，其调整作用是通过权利义务设置而实现的。因而，法律义务并非一种道义上的宣示，其有具体的、明确的规则指引人的行为。基于此，企业社会责任一旦进入环境法视域，即被分解为具体的法律义务。

企业开展排污状况自行监测是法定的责任和义务。《中华人民共和国环境保护法》第四十二条明确提出，“重点排污单位应当按照国家有关规定和监测规范安装使用监测设备，保证监测设备正常运行，保存原始监测记录”；第五十五条要求，“重点排污单位应当如实向社会公开其主要污染物的名称、排放方式、排放浓度和总量、超标排放情况，以及防治污染设施的建设和运行情况，接受社会监督”。《中华人民共和国大气污染防治法》《中华人民共和国水污染防治法》《中华人民共和国环境保护税法》《中华人民共和国土壤污染防治法》《中华人民共和国固体废物污染环境防治法》等相关法律中也均有关于排污单位自行监测的相关要求。

1.2.3　开展自行监测是自证守法和自我保护的重要手段和途径

排污许可制度作为固定污染源核心管理制度，其明确了排污单位自证守法的权利和责任，排污单位可以通过以下途径进行“自证”。一是依法开展自行监测，保障数据合法有效，妥善保存原始记录；二是建立准确完整的环境管理台账，记录能够证明其排污状况的相关信息，形成一整套完整的证据链；三是定期、如实向生态环境主管部门报告排污许可证执行情况。可以看出，自行监测贯穿自证守法的全过程，是自证守法的重要手段和途径。

首先，排污单位被允许在标准限值下排放污染物，排放状况应该透明公开且合规。随着管理模式的改变，管理部门不对企业全面开展监测，仅对企业进行抽查抽测。排污单位对自身排放状况进行说明，就需要开展自行监测。

其次，一旦出现排污单位对管理部门出具的监测数据或其他证明材料被质疑的情况，或者对公众举报等相关信息提出异议时，就需要出具自身排污状况的相关材料进行证明，而自行监测数据是非常重要的证明材料。

最后，自行监测可以对自身排污状况的定期监控，也可对周边环境质量影响进行监测，及时掌握实际排污水平和对周边环境质量的影响，了解周边环境质量的变化趋势和承受能力，可以及时识别潜在环境风险，以便提前应对，避免引起更大的、无法挽救的环境事故或对人民群众、生态环境和排污单位自身造成巨大的损害和损失。

1.2.4 开展自行监测是排污许可制度的重要组成部分

《控制污染物排放许可制实施方案》（国办发〔2016〕81 号）明确了排污单位应实行自行监测和定期发布报告。《排污许可管理条例》第十九条规定："排污单位应当按照排污许可证规定和有关标准规范，依法开展自行监测，并保存原始监测记录。原始监测记录保存期限不得少于 5 年。排污单位应当对自行监测数据的真实性、准确性负责，不得篡改、伪造。"

因此，自行监测既是有明确法律法规要求的一项管理制度，也是固定污染源基础与核心管理制度——排污许可制度的重要组成部分。

1.2.5 开展自行监测是精细化管理与大数据时代信息输入与信息产品输出的需要

随着环境管理向精细化发展，强化数据应用，根据数据分析识别潜在的环境问题，作出更加科学精准的环境管理决策是环境管理面临的重大命题。大数据时代信息化水平的提升，为监测数据的加工分析提供了条件，也对数据输入提出了更高需求。

自行监测数据承载了大量污染排放和治理信息，然而这些信息长期以来并没有得到充分的收集和利用，这是生态环境大数据中缺失的一项重要信息源。通过收集各类污染源长时间序列的监测数据，对同类污染源监测数据进行统计分析，可以更全面地判定污染源的实际排放水平，从而为制定排放标准、产排污系数提供科学依据。另外，通过监测数据与其他数据的关联分析，还能获得更多、更有价值的其他信息，为环境管理提供更有力的支撑。

1.3　排污单位自行监测的管理规定

我国现行法律法规、管理办法中有很多涉及排污单位自行监测的相关管理规定，具体见表 1-1。

表 1-1　我国现行与排污单位自行监测相关的法律法规和管理规定

名称	颁布机关	实施时间	主要相关内容
《中华人民共和国海洋环境保护法》	全国人民代表大会常务委员会	2024 年 1 月 1 日	规定了排污者应当依法公开排污信息。排污口的责任主体应当加强排污口监测，按照规定开展监控和自动监测
《中华人民共和国水污染防治法》	全国人民代表大会常务委员会	2008 年 6 月 1 日（2017 年 6 月 27 日修正）	规定了实行排污许可管理的企业事业单位和其他生产经营者应当对所排放的水污染物自行监测，并保存原始监测记录，排放有毒有害水污染物的还应开展周边环境监测，上述条款均设有对应罚则
《中华人民共和国环境保护法》	全国人民代表大会常务委员会	2015 年 1 月 1 日	规定了重点排污单位应当安装使用监测设备，保证监测设备正常运行，保存原始监测记录，并进行信息公开
《中华人民共和国大气污染防治法》	全国人民代表大会常务委员会	2016 年 1 月 1 日（2018 年 10 月 26 日修正）	规定了企业事业单位和其他生产经营者应当对大气污染物进行监测，并保存原始监测记录
《中华人民共和国环境保护税法》	全国人民代表大会常务委员会	2018 年 1 月 1 日（2018 年 10 月 26 日修正）	规定了纳税人按季申报缴纳时，向税务机关报送所排放应税污染物浓度值
《中华人民共和国土壤污染防治法》	全国人民代表大会常务委员会	2019 年 1 月 1 日	规定了土壤污染重点监管单位应制定、实施自行监测方案，并将监测数据报生态环境主管部门
《中华人民共和国固体废物污染环境防治法》	全国人民代表大会常务委员会	2020 年 9 月 1 日	规定了产生、收集、贮存、运输、利用、处置固体废物的单位，应当依法及时公开固体废物污染环境防治信息，主动接受社会监督

名称	颁布机关	实施时间	主要相关内容
《中华人民共和国固体废物污染环境防治法》	全国人民代表大会常务委员会	2020年9月1日	生活垃圾处理单位应当按照国家有关规定，安装使用监测设备，实时监测污染物的排放情况，将污染排放数据实时公开。监测设备应当与所在地生态环境主管部门的监控设备联网
《中华人民共和国刑法修正案（十一）》	全国人民代表大会常务委员会	2021年3月1日	规定了环境监测造假的法律责任
《中华人民共和国噪声污染防治法》	全国人民代表大会常务委员会	2022年6月5日	规定实行排污许可管理的单位应当按照规定，对工业噪声开展自行监测，保存原始监测记录，向社会公开监测结果，对监测数据的真实性和准确性负责。噪声重点排污单位应当按照国家规定，安装、使用、维护噪声自动监测设备，与生态环境主管部门的监控设备联网
《城镇排水与污水处理条例》	国务院	2014年1月1日	规定了排水户应按照国家有关规定建设水质、水量检测设施
《畜禽规模养殖污染防治条例》	国务院	2014年1月1日	规定了畜禽养殖场、养殖小区应当定期将畜禽养殖废弃物排放情况报县级人民政府环境保护主管部门备案
《土壤污染防治行动计划》	国务院	2016年5月28日	规定了各地要根据工矿企业分布和污染排放情况，确定土壤环境重点监管企业名单，实行动态更新，并向社会公布。列入名单的企业每年要自行对其用地进行土壤环境监测，结果向社会公开
《中华人民共和国环境保护税法实施条例》	国务院	2018年1月1日	规定了未安装自动监测设备的纳税人，自行对污染物进行监测且所获取的监测数据符合国家有关规定和监测规范的，视同监测机构出具的监测数据，可作为计税依据
《排污许可管理条例》	国务院	2021年3月1日	规定了持证单位自行监测责任，管理部门依证监管责任
《最高人民法院 最高人民检察院关于办理环境污染刑事案件适用法律若干问题的解释》	最高人民法院、最高人民检察院	2023年8月15日	规定了重点排污单位、实施排污许可重点管理的单位篡改、伪造自动监测数据或者干扰自动监测设施，排放化学需氧量、氨氮、二氧化硫、氮氧化物等污染物，同时构成污染环境罪和破坏计算机信息系统罪的，依照处罚较重的规定定罪处罚

名称	颁布机关	实施时间	主要相关内容
《环境监测管理办法》	国家环境保护总局	2007 年 9 月 1 日	规定了排污者必须按照国家及技术规范的要求，开展排污状况自我监测；不具备环境监测能力的排污者，应当委托环境保护部门所属环境监测机构或者经省级环境保护部门认定的环境监测机构进行监测
《污染源自动监控设施现场监督检查办法》	环境保护部	2012 年 4 月 1 日	规定了：①排污单位或运营单位应当保证自动监测设备正常运行；②污染源自动监控设施发生故障停运期间，排污单位或者运营单位应当采用手工监测等方式，对污染物排放状况进行监测，并报送监测数据
《环境保护部关于加强污染源环境监管信息公开工作的通知》	环境保护部	2013 年 7 月 12 日	规定了各级环保部门应积极鼓励引导企业进一步增强社会责任感，主动自愿公开环境信息。同时严格督促超标或者超总量的污染严重企业，以及排放有毒有害物质的企业主动公开相关信息，对不依法主动公布或不按规定公布的要依法严肃查处
《环境保护部关于印发〈国家重点监控企业自行监测及信息公开办法（试行）〉和〈国家重点监控企业污染源监督性监测及信息公开办法（试行）〉的通知》	环境保护部	2014 年 1 月 1 日	规定了企业开展自行监测及信息公开的各项要求，包括自行监测内容、自行监测方案，对手工监测和自动监测两种方式开展的自行监测分别提出了监测频次要求，自行监测记录内容，自行监测年度报告内容，自行监测信息公开的途径、内容及时间要求等
《环境保护主管部门实施限制生产、停产整治办法》	环境保护部	2015 年 1 月 1 日	规定了被限制生产的排污者在整改期间按照环境监测技术规范进行监测或者委托有条件的环境监测机构开展监测，保存监测记录，并上报监测报告
《生态环境监测网络建设方案》	国务院办公厅	2015 年 7 月 26 日	规定了重点排污单位必须落实污染物排放自行监测及信息公开的法定责任，严格执行排放标准和相关法律法规的监测要求

名称	颁布机关	实施时间	主要相关内容
《财政部、环境保护部关于支持环境监测体制改革的实施意见》	财政部、环境保护部	2015年11月2日	规定了落实企业主体责任，企业应依法自行监测或委托社会化检测机构开展监测，及时向环保部门报告排污数据，重点企业还应定期向社会公开监测信息
《关于加强化工企业等重点排污单位特征污染物监测工作的通知》	环境保护部	2016年9月20日	规定了：①化工企业等排污单位应制定自行监测方案，对污染物排放及周边环境开展自行监测，并公开监测信息；②监测内容应包含排放标准的规定项目和涉及的列入污染物名录库的全部项目；③监测频次，自动监测的应全天连续监测；手工监测的，废水特征污染物每月开展一次，废气特征污染物每季度开展一次，周边环境监测按照环评及其批复执行，可根据实际情况适当增加监测频次
《控制污染物排放许可制实施方案》	国务院办公厅	2016年11月10日	规定了企事业单位应依法开展自行监测，安装或使用的监测设备应符合国家有关环境监测、计量认证规定和技术规范，建立准确完整的环境管理台账，安装在线监测设备的应与环境保护部门联网
《关于实施工业污染源全面达标排放计划的通知》	环境保护部	2016年11月29日	规定了：①各级环保部门应督促、指导企业开展自行监测，并向社会公开排放信息；②对超标排放的企业要督促其开展自行监测，加大对超标因子的监测频次，并及时向环保部门报告；③企业应安装和运行污染源在线监控设备，并与环保部门联网
《关于深化环境监测改革　提高环境监测数据质量的意见》	中共中央办公厅、国务院办公厅	2017年9月21日	规定了环境保护部要加快完善排污单位自行监测标准规范；排污单位要开展自行监测，并按规定公开相关监测信息，对弄虚作假行为要依法处罚；重点排污单位应当建设污染源自动监测设备，并公开自动监测结果
《工矿用地土壤环境管理办法（试行）》	生态环境部	2018年8月1日	规定了重点单位应当按照相关技术规范要求，自行或者委托第三方定期开展土壤和地下水监测，重点监测存在污染隐患的区域和设施周边的土壤、地下水，并按照规定公开相关信息

名称	颁布机关	实施时间	主要相关内容
《企业环境信息依法披露管理办法》	生态环境部	2022 年 2 月 8 日	规定了企业（包括重点排污单位）应当依法披露环境信息，包括企业自行监测信息等
《关于加强排污许可执法监管的指导意见》	生态环境部	2022 年 3 月 28 日	规定了排污单位应当提高自行监测质量。确保申报材料、环境管理台账记录、排污许可证执行报告、自行监测数据的真实、准确和完整，依法如实在全国排污许可证管理信息平台上公开信息，不得弄虚作假，自觉接受监督
《污染物排放自动监测设备标记规则》	生态环境部	2022 年 7 月 19 日	排污单位应当按照相关自动监测数据标记规则对产生自动监测数据的相应时段进行标记。排污单位是审核确认自动监测数据有效性的责任主体，应当按照《设备标记规则》确认自动监测数据的有效性。排污单位的自动监测数据向社会公开时，数据标记内容应当同时公开
《环境监管重点单位名录管理办法》	生态环境部	2023 年 1 月 1 日	环境监管重点单位应当依法履行自行监测、信息公开等生态环境法律义务，采取措施防治环境污染，防范环境风险
《关于进一步加强固定污染源监测监督管理的通知》	生态环境部	2023 年 3 月 8 日	规定了生态环境部门要加强排污单位自行监测监管，督促持证排污单位按照排污许可证要求，规范开展自行监测，并公开监测结果；督促重点排污单位、实行排污许可重点管理的排污单位，依法依规安装运维自动监测设备，并与生态环境部门联网；强化排污许可管理、环境监测、环境执法联动，形成管理闭环

注：截至 2024 年 10 月 30 日。

1.4　排污单位自行监测技术指南的定位

1.4.1　排污许可制度配套的技术支撑文件

排污许可制度，是国外普遍采用的控制污染的法律制度。从美国等发达国家实施排污许可制度的经验来看，监督检查是排污许可制度实施效果的重要保障，污染源监测是监督检查的重要组成部分和基础；自行监测是污染源监测的主体形式，作为重要内容在排污许可证中进行载明。

我国当前推行的排污许可制度中，明确了企业“自证守法”，其中自行监测是排污单位自证守法的重要手段和方法。只有在特定监测方案和要求下的监测数据才能够支撑排污许可“自证”的要求。因此，在排污许可制度中，自行监测要求是必不可少的一部分。

重点排污单位自行监测法律地位得到明确，自行监测制度初步建立，而自行监测的有效实施还需要有配套的技术文件作为支撑，排污单位自行监测技术指南是基础而重要的技术指导性文件。因此，制定排污单位自行监测技术指南是落实相关法律法规的需要。

1.4.2 对现有标准和管理文件中关于排污单位自行监测规定的补充

对每个排污单位来说，生产工艺产生的污染物、不同监测点位执行的排放标准和控制指标、环评报告要求的内容都有不同情况及独特内容。虽然各种监测技术标准与规范已从不同角度对排污单位的监测内容作出了规定，但不够全面。

为提高监测效率，应针对不同排放源污染物排放特性确定监测要求。监测是污染排放监管必不可少的技术支撑，具有重要的意义，然而监测是需要成本的，应在监测效果和成本间寻找合理的平衡点。“一刀切”的监测要求必然会造成部分排放源监测要求过高，从而引起浪费；或者对部分排放源要求过低，从而达不到监管需求。因此，需要专门的技术文件，从排污单位监测要求进行系统分析和设计，使监测更精细化，从而提高监测效率。

1.4.3 对排污单位自行监测行为指导和规范的技术要求

我国自 2014 年起开始推行《国家重点监控企业自行监测及信息公开办法（试行）》，从实施情况来看存在诸多问题，需要加强对排污单位自行监测行为的指导和规范。

与环境质量监测相比，污染源监测涉及的行业较多，监测内容更复杂。我国目前仅国家污染物排放标准就有近 200 项，且数量还在持续增加；省级人民政府依法制定并报生态环境部备案的地方污染物排放标准总数也有 100 多项，数量还在不断增加。排放标准中的控制项目种类繁杂，水、气污染物均在 100 项以上。

由于国家发布的有关规定必须有普适性、原则性的特点，因此排污单位在开展自行监测过程中如何结合企业具体情况，合理确定监测点位、监测项目和监测频次等实际问题上存在诸多疑问。

生态环境部在对全国各地区自行监测及信息公开平台的日常监督检查及现场检查等工作中发现，部分排污单位自行监测方案的内容、监测数据的质量稍差，存在排污单位未包括全部排放口、监测点位设置不合理、监测项目仅涉及主要污染物、随意设置排放标准限值、自行监测数据弄虚作假等问题。为解决排污单位开展自行监测过程中遇到的问题，需要进一步加强对排污单位自行监测的工作指导和规范行为，建立和完善排污单位自行监测相关规范内容，因此有必要制定自行监测技术指南，将自行监测要求进一步明确和细化。

1.5 《土壤和地下水指南》在自行监测技术指南体系中的定位和制定思路

1.5.1 自行监测技术指南体系

排污单位自行监测指南体系以《总则》为统领，包括一系列重点行业排污单位自行监测技术指南、若干通用工序自行监测技术指南以及 1 个环境要素自行监测技术指南，共同组成排污单位自行监测技术体系，见图 1-2。

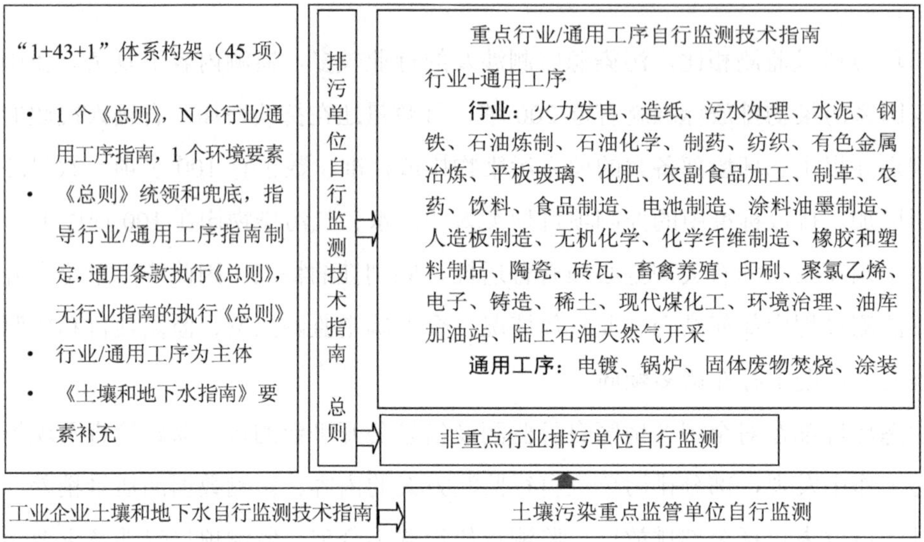

图 1-2　排污单位自行监测技术指南体系

《总则》在排污单位自行监测指南体系中属于纲领性文件，起到统一思路和要求的作用。第一，对行业技术指南总体性原则进行规定，是行业技术指南的参考性文件；第二，对于行业技术指南中必不可少，但要求比较一致的内容，可以在《总则》中体现，在行业技术指南中加以引用，既保证一致性，也减少重复；第三，对于部分污染差异大、企业数量少的行业，单独制定行业技术指南意义不大，这类行业排污单位可以参照《总则》开展自行监测。行业技术指南未发布的，也应参照《总则》开展自行监测。

对土壤污染重点监管单位而言，由于在土壤和地下水污染特征方面具有一致性，故统一按照《土壤和地下水指南》要求开展监测。根据生态环境统计结果，"1+43+1"的设计体系可覆盖主要污染物排放量占比 95%以上的大部分行业，能够更好地支撑排污许可制度的实施。

1.5.2　《土壤和地下水指南》是对《总则》的补充

重点监管企业开展土壤和地下水的自行监测，通过对环境介质污染状况的监测和评估，有利于帮助企业及时发现污染泄漏并采取措施，从而降低后续治理和修复的成本。《土壤和地下水指南》（附录 1）的核心内容主要包括以下两个方面：

（1）监测方案。在指南中明确根据企业内污染源分布情况，识别重点监测单元及其主要污染因子，提出监测方案设置的基本要求，包括监测点位、监测指标、监测频次、样品采集、保存、流转、制备与分析方法等。

（2）数据分析。根据监测结果，提出监测数据分析方法、异常情况判定及异常情况下加密监测的相关要求。

1.5.3　土壤和地下水自行监测的国内外实践对比

目前，美国和欧盟等很多发达国家和地区都制定了相应的土壤和地下水自行监测技术文件（表 1-2）。

表 1-2　部分发达国家和地区土壤和地下水自行监测相关技术文件

相关标准	编制目的	适用范围
US EPA NPDES Permit Writers' Manual（1972）	通过 NPDES 排污许可证，对排污企业提出自行监测的具体要求，由企业开展自行监测	向水体排放污染物的点源设施应针对进水、出水、水源、企业内部、受纳水体、污泥等开展监测
E.U. Industrial Emissions Directive（2010）	通过发放综合性排污许可证，提出了一系列技术和监测上的要求，旨在最大限度降低能源、化工、废物处理等行业企业的环境污染	可能对土壤及地下水产生污染的企业应测定设施运行之前土壤和地下水的基础数据，并针对特征危险物质对土壤和地下水进行定期检查（地下水 5 年、土壤 10 年）
US EPA Emergency Planning and Community Right-to-Know Act（1986）	旨在保障公众对社区内存在的各种有毒有害物质的知情权，更好地应对紧急事件	企业应按照规定的要求，向美国环境保护局报告企业污染物排放信息，再由美国环境保护局建立数据库供公众查询。污染物排放信息包括进入环境的各种有毒化学物质的年度总量

相关标准	编制目的	适用范围
U.S.EPA Standards for Owners and Operators of Hazardous Waste Treatment，Storage，and Disposal Facilities（2018）	旨在具有许可证的危险废物土地处置设施中制止地下水污染	制止危废设施地下水污染的“三步”工程。第一步是监测工程，其宗旨是监测地下水中是否存在有害组分。第二步是检验工程，其宗旨是评估有害组分是否超出地下水保护标准。第三步是修复工程，开始于地下水保护标准被触犯，需要开展一系列的制止行动

1972 年，美国通过《清洁水法》，提出“国家污染物排放清除系统”（National Pollutant Discharge Elimination System，NPDES）许可证制度，用以控制污染、保护水质。NPDES 制度对排污企业提出了自行监测的具体要求。规定由企业开展自行监测，自行监测内容包括进水监测、出水监测、水源监测、企业内部监测、企业周边环境监测（主要针对受纳水体）、其他监测（如污泥）等方面。NPDES 还通过编制指南的方式，详细说明了企业如何开展自行监测方案设计，对企业自行监测方案中的监测指标、监测点位、监测频次、采样分析方法均作出了详细具体的规定与说明。

1986 年，美国颁布《应急计划与社区知情权法》（Emergency Planning and Community Right-to-know Act，EPCRA）。该制度引入了有毒化学物质排放清单，规定企业应按照 EPCRA 要求，向美国环境保护局（以下简称 US EPA）报告企业污染物排放信息，再由 US EPA 建立数据库供公众查询。污染物排放信息包括进入环境媒介（水、大气、土壤、地下水）的各种有毒化学物质的年度总量，在数据库中以清单的形式进行信息公开。

英国的环境许可证制度以 2007 年颁布的《环境许可条例》为法律依据，要求对各类有损环境或人体健康的设施进行管制。持环境许可证单位通过开展自行监测并提交监测数据，向许可证管理机构证明自己的排污状况。同时英国还配套发布了不同污染源监测技术指南，对监测方案中的内容作出具体的指导性规定，包括企业自行监测方案中的监测指标、监测点位、监测频次、采样分析方法等。

美国《资源保护回收法》（Resources Conservation & Revovery Act，RCRA）是美国固体废物管理的基础性法律，对固体废物、危险废物和危险废物地下贮存库的管理提出了要求。为了与这一法律配套，US EPA 制定了上百个关于固体废物、危险废物的排放、收集、贮存、运输、处理、处置回收利用的规定、规划和指南等，形成了较为完善的固体废物管理法规体系。

RCRA 提出了危险废物管理战略的一大理念：无论危险废物的处理处置执行何种标准，其管理者仍应该通过对危险废物处理处置设施的地下水污染情况开展监测，作为污染控制的最终防线，确保及时发现和纠正任何泄漏，保护人类健康和环境免受意外释放的危险成分危害。

为这一理念的实际实施，US EPA 对于危险废物处埋处置设施确定了监测、检验、修复的“三步”工程。第一步是监测工程，其设计宗旨是监测地下水中的有害组分，表明危险废物处理处置设施下方是否存在泄漏。第二步是检验工程，开始于监测到泄漏的存在，其设计宗旨是追踪地下水中有害组分的迁移，评估其污染状况是否超过了相应的地下水保护标准。第三步是修复工程，开始于地下水保护标准被超出，修复行动是由清除或取代有害组分的处理所构成。检验工程和修复行动可以延展到设施关闭后的观测期，如果必要可以更长。

（1）监测工程：RCRA 规定，所有具有危险废物处置设施的持证单位必须配套建设监测设施，以确定处置设施是否向地下水泄漏有害组分。就现存设施而言，如果地下水监测发现危险废物中的有害组分已经从设施中泄漏，则单位管理者应当根据 RCRA 要求，实施相关的检验工程和修复工程。在监测工程中，管理者应当安装充足数量的、在许可证规定的流动惯量点上的、适当深度的控制井，以便有效地监测地下水（图 1-3）。地下水中可能被监测出的组分或其参数在该单位的许可证里已作规定。然后管理者需监测经过流动惯量点（一般在下游井）的地下水的水质和未受设施泄漏影响的本底水质（一般是上游井）。管理者根据监测数据确定各种组分的本底值，和监测结果作比较之后确定污染的可能性。管理者需每年至少两次测定每口监测井地下水质量，每年至少一次测定最高含水层的地下水流速和流向。

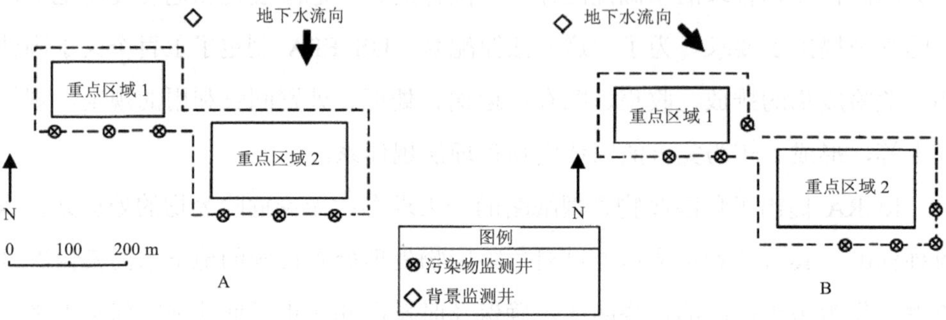

图 1-3 关于危险废物设施下游的地下水监测井布设示例

RCRA 规定，危废处置设施的管理者应统计许可证中特别规定的任何组分和参数与本底值相比有无统计学上的显著增长。如果显著增长，管理者需采取有效的方式保护地下水。取样和分析的程序和方法也在规定中明确。

（2）检验工程：相关性检验工程的目的是评估地下水是否超出许可证中所规定的地下水保护标准的浓度限值。地下水保护标准及浓度限值由 US EPA 在许可证中加以规定。浓度限值应当是：

1）US EPA 饮用水临时标准中的最高限值；

2）有害组分的本底水平较低或不存在主要饮用水临时标准时的地下水有害组分的本底水平；

3）经营管理者证明不含产生对人体健康和环境有重大的、现实或潜在的危害的选择性浓度限值。

管理者应测定每口监测井中地下水危险废物组分的浓度，每年应不少于 4 次，并判定是否存在统计学上的显著增长。对于如何判断“显著增长”，RCRA 编制的“Statistical analysis of groundwater monitoring data at RCRA facilities，Unified Guidance”中的“Accounting for shifts and trends”一章，专门介绍了如何使用统计分析手段判断污染物长期变化趋势的方法。

图 1-4 和图 1-5 展示了两种监测结果的变化情况——离散型的跳跃（Shifts）和长期性的变化（Trends）。其中离散型的跳跃（Shifts）是指监测值极大程度地背离了以往的平均水平，提示瞬时性污染源（污染物在某一时刻的大量释放）的存在；长期性的变化（Trends）是指连续的监测值出现了明显的逐步上升趋势，提示连续性污染源（污染物在长期范围内不断释放）的存在。

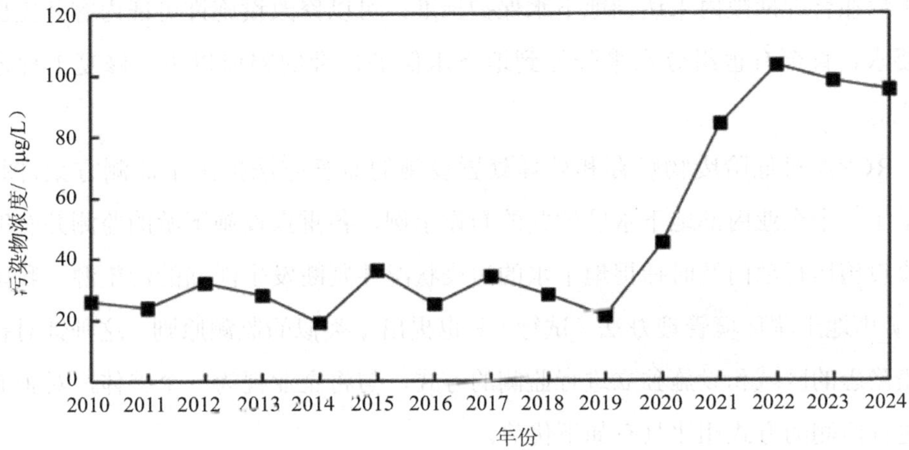

图 1-4　监测结果出现离散型的跳跃

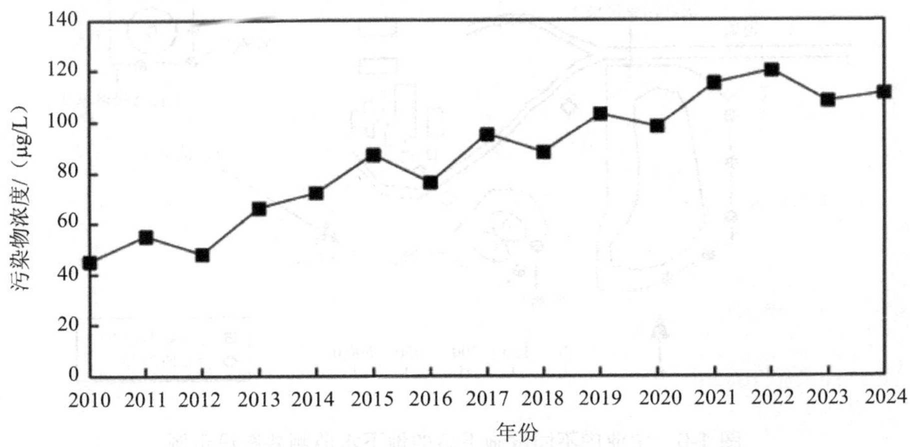

图 1-5　监测结果出现长期性的变化

（3）修复工程：在监测期间，管理者一旦发现污染物浓度超过了地下水保护标准，需实施修复工程。US EPA 的规定未详细描述修复工程包括什么内容，而是指出管理者须在地下水中清除有害组分或在适当的地方进行处理以符合地下水保护标准，仅采取控制污染速度或降低污染浓度的措施是不够的。

管理者每年须就修复工程的有效性呈送两次书面报告，如果 US EPA 认为修复工程在合理期限内未达到地下水保护标准，可以修改设施许可证内容并提出更多要求，直至有害组分水平降低到地下水保护标准的限值以下，修复工程才可停止。

RCRA 对危险废物贮存和处理处置设施的监管方法提出了监测方案，图 1-6 展示了一个企业内部地下水监测井的布设示例，各重点设施下游的监测井有助于危废设施运行部门及时捕捉地下水的污染状况并判断发生泄漏的污染源。我国的《工矿用地土壤环境管理办法（试行）》也提出了类似的监测原则。这种针对存在污染隐患的区域和设施独立进行监测的方式，与将企业视为一个整体，对企业周边进行监测的方式相比具有如下优势。

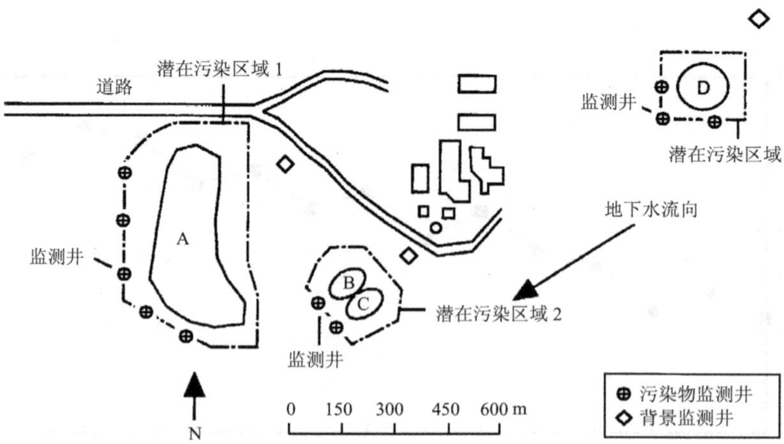

图 1-6 企业内不同设施下游的地下水监测井布设示例

1）能够确保及时发现污染状况。对土壤来说，污染物在水平方向的迁移十分缓慢，通过企业周边的土壤监测数据很难获知厂界内的土壤污染状况；对地下水来说，在厂界外布置的监测点难以覆盖所有的污染物传输途径。一旦厂界内的污染源产生污染，污染物很可能不会流经污染物监测井所在区域，或在到达监测井所在区域前即被稀释。因此，针对各个存在污染隐患的设施独立开展监测工作，能够确保企业及时发现污染状况，从而采取措施防止污染物进一步扩散。

2）能够准确判断污染发生区域。如将监测点布置在企业周边，则即使能够捕捉到污染信息，也很难在短期内判断出污染物来自哪个污染源。除非污染特别明显，否则企业仍需排查所有的污染源以找出泄漏的地点，不但增加企业的现场工作成本，也难以及时对泄漏情况进行纠正。《工矿用地土壤环境管理办法（试行）》提出的监测原则，有助于企业准确判断产生污染的污染源并及时采取措施。

1.5.4　土壤和地下水自行监测技术指南制定的思路和原则

1.5.4.1　以《工矿用地土壤环境管理办法（试行）》为指导，根据指南特点进行细化

《土壤和地下水指南》以《工矿用地土壤环境管理办法（试行）》所述监测原则为依据，进一步细化土壤和地下水监测点布设方法。《工矿用地土壤环境管理办法（试行）》提出："重点单位应当按照相关技术规范要求，自行或者委托第三方定期开展土壤和地下水监测，重点监测存在污染隐患的区域和设施周边的土壤、地下水，并按照规定公开相关信息。"本指南根据《工矿用地土壤环境管理办法（试行）》中确定的基本原则和方法，在对工业企业土壤和地下水污染特征进行分析的基础上，对土壤重点监管单位监测单元划分、点位布设、监测指标和频次选取的内容具体化和明确化。

1.5.4.2 以土壤和地下水环境质量标准为基础，关注污染物全指标覆盖

为与现行的建设用地土壤污染防治体系相对接，《土壤和地下水指南》在监测项目及监测方法上，与《土壤环境质量 建设用地土壤污染风险管控标准（试行）》（GB 36600—2018）、《地下水质量标准》（GB/T 14848—2017）保持衔接，企业内任何重点单元涉及上述范围外的关注污染物，还应根据其土壤或地下水的污染特性，将其纳入企业内所有土壤或地下水监测点的监测指标。

1.5.4.3 防控潜在风险，及时发现环境污染源

《土壤和地下水指南》以《土壤污染防治行动计划》（以下简称“土十条”）、《工矿用地土壤环境管理办法（试行）》为依据，结合在产企业土壤和地下水污染特征，明确监测方案制定和实施的相关细则，保证整体思路符合相关法规要求。同时结合在产企业的生产特点，提出在可能具有污染隐患的重点监测单元周边布设监测点位的方法，以便及时捕捉土壤地下水的污染状况并准确判断发生泄漏的污染源，有助于企业及时对存在泄漏的污染源采取相关措施，防止污染的进一步扩散。

在保证监测结果科学性的前提下，在监测点位的设置、监测指标与频次的选取上尽量节约企业监测成本，具有经济性和可行性。

第 2 章　我国工业企业土壤环境管理制度体系

土壤是构成生态系统的基本要素，是人类赖以生存的物质基础，是经济社会发展不可或缺的宝贵自然资源。加强土壤污染防治是深入贯彻落实习近平生态文明思想的重要举措，也是建设人与自然和谐共生的美丽中国的迫切要求。新中国成立以来，我国土壤污染防治工作在需求中探索，在探索中发展，在发展中不断完善，现已基本形成了以“预防为主、保护优先、分类管理、风险管控、污染担责、公众参与”为主要原则的土壤环境管理制度体系。

与农业土壤环境管理相比，我国工业企业的土壤环境管理工作起步较晚。由于土壤污染具有隐蔽性、滞后性和长期性，国内很长一段历史时期内曾对工业生产造成土壤污染的危害认识不足，预防和保护意识薄弱。直到改革开放后，城市化进程加快，产业结构调整遗留的大量工业企业原址在再开发利用过程中的环境风险问题逐步凸显，促使工业企业土壤污染防治工作的管理和技术体系建设工作开始推进。经过数十年的不懈努力，我国目前已建立了覆盖“源头防治”和“末端治理”全过程的工业企业用地管理及技术体系。

本章围绕我国工业企业土壤环境管理工作的发展历程、管理现状及发展方向等方面进行介绍。

2.1　我国工业企业土壤环境管理发展历程

我国工业企业土壤环境管理工作的发展经历了三个标志性的阶段。

2.1.1　探索阶段（1978—2004 年）

第一阶段是我国工业污染场地环境管理体系的探索阶段（1978—2004 年），始于改革开放后部分来华投资企业根据发达国家的土壤环境管理经验，对其购入的土地开展尽职调查，一般采用美国材料与试验学会（ASTM）的有限调查技术规范（E1528-06 Standard Practice for Limited Environmental Due Diligence: Transaction Screen Process）对拟建企业的用地开展初步调查与评估，以防范地块历史污染可能导致的连带责任。这些工作带来的先进理念对我国环境管理领域产生了一定影响，我国开始逐渐认识到土壤污染防治工作的重要性。1999 年，国家环境保护总局制定了《工业企业土壤环境质量风险评价基准》（HJ/T 25—1999），该标准借鉴了国际上制定场地土壤筛选值的先进经验，基于暴露情景与风险水平，提出了以保护人体健康和地下水环境安全为目标的土壤基准值与风险评估方法。在这一阶段，部分地方环境保护科研机构也在国外先进理念的影响和管理工作的需求下开始涉足污染场地领域，开展了污染场地调查与风险评估的国内实践，我国工业企业土壤环境管理体系自此初见雏形。

2.1.2　发展阶段（2004—2016 年）

第二阶段是我国工业污染场地环境管理体系的发展阶段（2004—2016 年），在这一时期，随着经济发展和城镇建设速度加快，各地产业结构和城市布局调整，许多企业或生产经营单位搬出城镇中心，原有土地使用性质发生改变，由于过去对搬迁遗留场地污染的环境和健康风险认识不足，在场地再开发利用过程中发生了一系列严重污染事件，对人民群众健康构成威胁，也给经济社会发展带来了冲击。2004 年，国家环境保护总局办公厅发布《关于切实做好企业搬迁过程中环境污染防治工作的通知》（环办〔2004〕47 号），提出“关闭或破产企业在结束原有生产经营活动，改变原土地使用性质时，必须对原址土地进行调查监测，报环保部门审查，并制定土壤功能修复实施方案。对于已经开发和正在开发的外迁工业区域，要对施工范围内的污染源进行调查，确定清理工作计划和土壤功能恢复实施方案，尽快消除土壤环境污染”。这一文件的发布标志着我国污染场地环境管理工作的正式启动。这一时期，部分地方环境主管部门也在管理工作的迫切需求下开始探索建立地方性的工业污染场地管理体系，如北京市环境保护局在北京焦化厂搬迁的契机下率先进行了污染场地管理的研究与实践，形成了国内第一套涵盖土壤调查、风险评估与筛选值的地方污染场地管理技术标准体系，即《场地环境评价导则》（DB 11/T 656—2009）和《场地土壤环境风险评价筛选值》（DB 11/T 811—2011），为地方污染场地环境管理提供了重要技术支撑，也对全国污染场地环境管理工作提供了重要借鉴。经过十余年的探索经验和研究积累，2014 年，环境保护部正式发布污染场地系列环境保护标准——《场地环境调查技术导则》（HJ 25.1—2014）、《场地环境监测技术导则》（HJ 25.2—2014）、《污染场地风险评估技术导则》（HJ 25.3—2014）、《污染场地土壤修复技术导则》（HJ 25.4—2014），我国工业污染场地环境管理技术体系自此基本建立。

2.1.3 完善阶段（2016 年—）

第三阶段是我国工业污染场地环境管理体系的完善阶段（2016 年—），2016 年，国务院印发《土壤污染防治行动计划》（国发〔2016〕31 号），作为我国土壤环境管理领域的纲领性文件，对今后一个时期我国土壤污染防治工作作出了全面部署。其中提出的“加强污染源监管，做好土壤污染预防工作。严控工矿污染，建立重点监管企业名单”要求，将工业场地土壤污染防治工作由“末端治理”向“源头防治”延伸，奠定了我国“预防为主、保护优先”的土壤环境管理理念。2016 年，环境保护部发布《污染地块土壤环境管理办法（试行）》（环境保护部令　第 42 号），主要针对已关闭搬迁的企业遗留地块进行土壤污染治理；2018 年，生态环境部发布《工矿用地土壤环境管理办法（试行）》（生态环境部令 第 3 号），主要针对运营中的工矿企业对其用地范围内土壤和地下水的污染预防，二者覆盖了“源头防治”和“末端治理”全过程。2018 年，生态环境部出台《土壤环境质量 建设用地土壤污染风险管控标准（试行）》（GB 36600—2018），奠定了我国基于人体健康风险的土壤保护目标。2019 年，《中华人民共和国土壤污染防治法》（以下简称《土壤法》）正式实施，填补了我国土壤污染防治的立法空白。我国土壤污染防治体系在这一阶段迅速发展，逐步建立了涵盖建设用地准入、工矿企业污染预防、地块调查评估、污染治理修复、修复效果评估与长期管理的建设用地全过程管理体系，与农用地、未利用地等管理体系一起，形成了以“一法两标三部令”为主要框架，以“预防为主、保护优先、分类管理、风险管控、污染担责、公众参与”为主要原则的土壤环境管理“四梁八柱”制度体系。

2.2 我国工业企业土壤环境管理技术体系现状

目前，我国的工业企业土壤环境管理技术体系大体可分为在产阶段的管理与关闭搬迁阶段的管理，其中在产阶段可划分为新改扩建阶段与生产运营阶段；关闭搬迁阶段可划分为污染调查阶段、风险评估阶段、治理修复阶段与效果评估阶段。其体系框架见图 2-1。

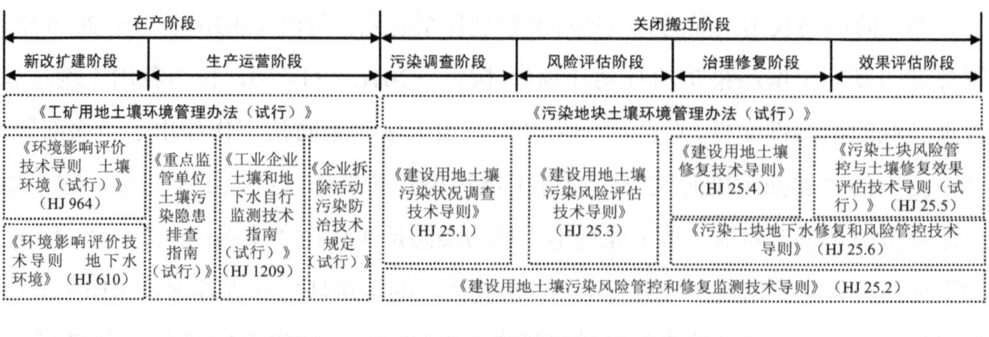

图 2-1 工业企业土壤环境管理技术体系

2.2.1　企业在产阶段的土壤环境管理

我国在产企业土壤环境管理主要是针对土壤污染重点监管单位的管理，2016年的“土十条”首次提出了“土壤污染重点监管单位”概念，指出“各地要根据工矿企业分布和污染排放情况，确定土壤环境重点监管企业名单，实行动态更新，并向社会公布”。2018 年的《工矿用地土壤环境管理办法（试行)》对土壤污染重点监管单位的范围进行了界定:“土壤污染重点监管单位主要包括以下行业企业：有色金属冶炼、石油加工、化工、焦化、电镀、制革等行业中纳入排污许可重点管理的企业；有色金属矿采选、石油开采行业规模以上企业；以及其他根据有关规定纳入土壤环境污染重点监管单位名录的企业事业单位。”2019 年实施的《土壤法》规定:“设区的市级以上地方人民政府生态环境主管部门应当按照国务院生态环境主管部门的规定，根据有毒有害物质排放等情况，制定本行政区域土壤污染重点监管单位名录，向社会公开并适时更新。”

土壤污染重点监管单位的管理制度见表 2-1。

表 2-1　土壤污染重点监管单位的管理制度

制度类型	管理依据	条款	制度要求
环境影响评价制度	《中华人民共和国土壤污染防治法》	第十八条	各类涉及土地利用的规划和可能造成土壤污染的建设项目，应当依法进行环境影响评价。 环境影响评价文件应当包括对土壤可能造成的不良影响及应当采取的相应预防措施等内容
	《工矿用地土壤环境管理办法（试行)》	第七条	重点单位新、改、扩建项目，应当在开展建设项目环境影响评价时，按照国家有关技术规范开展工矿用地土壤和地下水环境现状调查，编制调查报告，并按规定上报环境影响评价基础数据库。 重点单位应当将前款规定的调查报告主要内容通过其网站等便于公众知晓的方式向社会公开
		第八条	重点单位新、改、扩建项目用地应当符合国家或者地方有关建设用地土壤污染风险管控标准。 重点单位通过新、改、扩建项目的土壤和地下水环境现状调查，发现项目用地污染物含量超过国

制度类型	管理依据	条款	制度要求
环境影响评价制度	《工矿用地土壤环境管理办法（试行）》	第八条	家或者地方有关建设用地土壤污染风险管控标准的，土地使用权人或者污染责任人应当参照污染地块土壤环境管理有关规定开展详细调查、风险评估、风险管控、治理与修复等活动
有毒有害物质排放报告制度	《中华人民共和国土壤污染防治法》	第二十一条	土壤污染重点监管单位应当履行下列义务：严格控制有毒有害物质排放，并按年度向生态环境主管部门报告排放情况
	《工矿用地土壤环境管理办法（试行）》	第十条	重点单位新、改、扩建项目地下储罐储存有毒有害物质的，应当在项目投入生产或者使用之前，将地下储罐的信息报所在地设区的市级生态环境主管部门备案
土壤污染隐患排查制度	《中华人民共和国土壤污染防治法》	第二十一条	土壤污染重点监管单位应当履行下列义务：建立土壤污染隐患排查制度，保证持续有效防止有毒有害物质渗漏、流失、扬散
	《工矿用地土壤环境管理办法（试行）》	第十一条	重点单位应当建立土壤和地下水污染隐患排查治理制度，定期对重点区域、重点设施开展隐患排查。发现污染隐患的，应当制定整改方案，及时采取技术、管理措施消除隐患。隐患排查、治理情况应当如实记录并建立档案
土壤地下水自行监测制度	《中华人民共和国土壤污染防治法》	第二十一条	土壤污染重点监管单位应当履行下列义务：制定、实施自行监测方案，并将监测数据报生态环境主管部门
	《工矿用地土壤环境管理办法（试行）》	第十二条	重点单位应当按照相关技术规范要求，自行或者委托第三方定期开展土壤和地下水监测，重点监测存在污染隐患的区域和设施周边的土壤、地下水，并按照规定公开相关信息
设施拆除污染防治制度	《中华人民共和国土壤污染防治法》	第二十二条	土壤污染重点监管单位拆除设施、设备或者建筑物、构筑物的，应当制定包括应急措施在内的土壤污染防治工作方案，报地方人民政府生态环境、工业和信息化主管部门备案并实施
	《工矿用地土壤环境管理办法（试行）》	第十四条	重点单位拆除涉及有毒有害物质的生产设施设备、构筑物和污染治理设施的，应当按照有关规定，事先制定企业拆除活动污染防治方案，并在拆除活动前十五个工作日报所在地县级生态环境、工业和信息化主管部门备案。 企业拆除活动污染防治方案应当包括被拆除生产设施设备、构筑物和污染治理设施的基本情况、

制度类型	管理依据	条款	制度要求
设施拆除污染防治制度	《工矿用地土壤环境管理办法（试行）》	第十四条	拆除活动全过程土壤污染防治的技术要求、针对周边环境的污染防治要求等内容。 重点单位拆除活动应当严格按照有关规定实施残留物料和污染物、污染设备和设施的安全处理处置，并做好拆除活动相关记录，防范拆除活动污染土壤和地下水。拆除活动相关记录应当长期保存
设施防渗漏管理制度	《工矿用地土壤环境管理办法（试行）》	第九条	重点单位建设涉及有毒有害物质的生产装置、储罐和管道，或者建设污水处理池、应急池等存在土壤污染风险的设施，应当按照国家有关标准和规范的要求，设计、建设和安装有关防腐蚀、防泄漏设施和泄漏监测装置，防止有毒有害物质污染土壤和地下水
有毒有害物质地下储罐备案制度	《工矿用地土壤环境管理办法（试行）》	第十条	重点单位现有地下储罐储存有毒有害物质的，应当在本办法公布后一年之内，将地下储罐的信息报所在地设区的市级生态环境主管部门备案。 重点单位新、改、扩建项目地下储罐储存有毒有害物质的，应当在项目投入生产或者使用之前，将地下储罐的信息报所在地设区的市级生态环境主管部门备案。 地下储罐的信息包括地下储罐的使用年限、类型、规格、位置和使用情况等
突发事件应急制度	《中华人民共和国土壤污染防治法》	第四十四条	发生突发事件可能造成土壤污染的，地方人民政府及其有关部门和相关企业事业单位以及其他生产经营者应当立即采取应急措施，防止土壤污染，并依照本法规定做好土壤污染状况监测、调查和土壤污染风险评估、风险管控、修复等工作
	《工矿用地土壤环境管理办法（试行）》	第十五条	重点单位突发环境事件应急预案应当包括防止土壤和地下水污染相关内容。 重点单位突发环境事件造成或者可能造成土壤和地下水污染的，应当采取应急措施避免或者减少土壤和地下水污染；应急处置结束后，应当立即组织开展环境影响和损害评估工作，评估认为需要开展治理与修复的，应当制定并落实污染土壤和地下水治理与修复方案

制度类型	管理依据	条款	制度要求
土壤和地下水污染风险管控和修复制度	《工矿用地土壤环境管理办法（试行）》	第十三条	重点单位在隐患排查、监测等活动中发现工矿用地土壤和地下水存在污染迹象的，应当排查污染源，查明污染原因，采取措施防止新增污染，并参照污染地块土壤环境管理有关规定及时开展土壤和地下水环境调查与风险评估，根据调查与风险评估结果采取风险管控或者治理与修复等措施
退出调查制度	《中华人民共和国土壤污染防治法》	第六十七条	土壤污染重点监管单位生产经营用地的用途变更或者在其土地使用权收回、转让前，应当由土地使用权人按照规定进行土壤污染状况调查。土壤污染状况调查报告应当作为不动产登记资料送交地方人民政府不动产登记机构，并报地方人民政府生态环境主管部门备案
	《工矿用地土壤环境管理办法（试行）》	第十六条	重点单位终止生产经营活动前，应当参照污染地块土壤环境管理有关规定，开展土壤和地下水环境初步调查，编制调查报告，及时上传全国污染地块土壤环境管理信息系统。 重点单位应当将前款规定的调查报告主要内容通过其网站等便于公众知晓的方式向社会公开。 土壤和地下水环境初步调查发现该重点单位用地污染物含量超过国家或者地方有关建设用地土壤污染风险管控标准的，应当参照污染地块土壤环境管理有关规定开展详细调查、风险评估、风险管控、治理与修复等活动

2.2.2 企业关闭搬迁阶段的土壤环境管理

企业关闭搬迁阶段的土壤环境管理工作包括土壤污染状况调查和土壤污染风险评估、风险管控、修复、风险管控效果评估、修复效果评估、后期管理等活动。这些工作在《土壤法》中统称为“土壤污染风险管控和修复”，土壤污染风险管控和修复的常见流程见图 2-2。根据管理流程，生态环境主管部门需会同相关主管部门，建立辖区内疑似污染地块名单、污染地块名录、土壤污染风险管控和修复名录。列入上述名单或名录的地块，在完成土壤污染状况调查、风险评估、风险管控或治理修复，达到土壤环境质量标准要求之前，不得实施任何与风险管控或修复无关的项目。

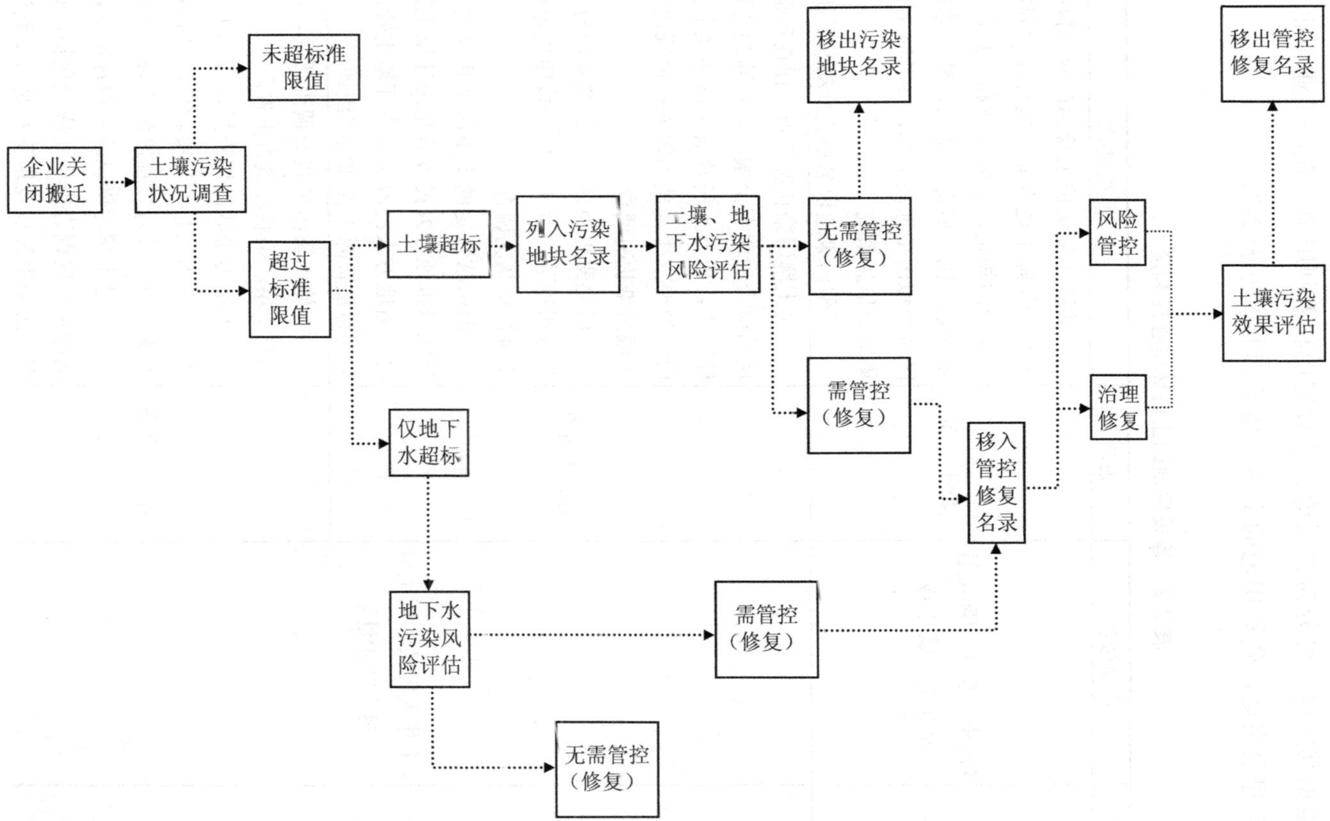

图 2-2　土壤污染风险管控和修复流程（建设用地）

注：本图仅列举土壤污染风险管控和修复的常见管理流程，各省市对辖区内土壤污染风险管控和修复流程可能有不同要求。

土地根据其用途，可分为农用地、建设用地和未利用地。在产工业企业涉及的地块属于建设用地，建设用地的土壤环境管理制度见表 2-2。

表 2-2 建设用地的土壤环境管理制度

制度类型	管理依据	条款	制度要求
疑似污染地块名单	《污染地块土壤环境管理办法（试行）》	第十二条	县级环境保护主管部门应当根据国家有关保障工业企业场地再开发利用环境安全的规定，会同工业和信息化、城乡规划、国土资源等部门，建立本行政区域疑似污染地块名单，并及时上传污染地块信息系统。 疑似污染地块名单实行动态更新
土壤污染状况调查	《中华人民共和国土壤污染防治法》	第五十九条	对土壤污染状况普查、详查和监测、现场检查表明有土壤污染风险的建设用地地块，地方人民政府生态环境主管部门应当要求土地使用权人按照规定进行土壤污染状况调查。 用途变更为住宅、公共管理与公共服务用地的，变更前应当按照规定进行土壤污染状况调查。 前两款规定的土壤污染状况调查报告应当报地方人民政府生态环境主管部门，由地方人民政府生态环境主管部门会同自然资源主管部门组织评审
		第三十六条	实施土壤污染状况调查活动，应当编制土壤污染状况调查报告。 土壤污染状况调查报告应当主要包括地块基本信息、污染物含量是否超过土壤污染风险管控标准等内容。污染物含量超过土壤污染风险管控标准的，土壤污染状况调查报告还应当包括污染类型、污染来源以及地下水是否受到污染等内容

制度类型	管理依据	条款	制度要求
土壤污染状况调查	《污染地块土壤环境管理办法（试行）》	第十三条	对列入疑似污染地块名单的地块，所在地县级环境保护主管部门应当书面通知土地使用权人。 土地使用权人应当自接到书面通知之日起六个月内完成土壤环境初步调查，编制调查报告，及时上传污染地块信息系统，并将调查报告主要内容通过其网站等便于公众知晓的方式向社会公开。 土壤环境初步调查应当按照国家有关环境标准和技术规范开展，调查报告应当包括地块基本信息、疑似污染地块是否为污染地块的明确结论等主要内容，并附具采样信息和检测报告
		第十六条	对列入污染地块名录的地块，设区的市级环境保护主管部门应当书面通知土地使用权人。 土地使用权人应当在接到书面通知后，按照国家有关环境标准和技术规范，开展土壤环境详细调查，编制调查报告，及时上传污染地块信息系统，并将调查报告主要内容通过其网站等便于公众知晓的方式向社会公开。 土壤环境详细调查报告应当包括地块基本信息，土壤污染物的分布状况及其范围，以及对土壤、地表水、地下水、空气污染的影响情况等主要内容，并附具采样信息和检测报告
污染地块名录	《污染地块土壤环境管理办法（试行）》	第十四条	设区的市级环境保护主管部门根据土地使用权人提交的土壤环境初步调查报告建立污染地块名录，及时上传污染地块信息系统，同时向社会公开，并通报各污染地块所在地县级人民政府。 对列入名录的污染地块，设区的市级环境保护主管部门应当按照国家有关环境标准和技术规范，确定该污染地块的风险等级。 污染地块名录实行动态更新

制度类型	管理依据	条款	制度要求
土壤污染风险评估	《中华人民共和国土壤污染防治法》	第六十条	对土壤污染状况调查报告评审表明污染物含量超过土壤污染风险管控标准的建设用地地块，土壤污染责任人、土地使用权人应当按照国务院生态环境主管部门的规定进行土壤污染风险评估，并将土壤污染风险评估报告报省级人民政府生态环境主管部门
		第三十七条	实施土壤污染风险评估活动，应当编制土壤污染风险评估报告。土壤污染风险评估报告应当主要包括下列内容： （一）主要污染物状况； （二）土壤及地下水污染范围； （三）农产品质量安全风险、公众健康风险或者生态风险； （四）风险管控、修复的目标和基本要求等
	《污染地块土壤环境管理办法（试行）》	第十七条	土地使用权人应当按照国家有关环境标准和技术规范，在污染地块土壤环境详细调查的基础上开展风险评估，编制风险评估报告，及时上传污染地块信息系统，并将评估报告主要内容通过其网站等便于公众知晓的方式向社会公开。 风险评估报告应当包括地块基本信息、应当关注的污染物、主要暴露途径、风险水平、风险管控以及治理与修复建议等主要内容
风险管控与修复名录	《中华人民共和国土壤污染防治法》	第五十八条	国家实行建设用地土壤污染风险管控和修复名录制度。 建设用地土壤污染风险管控和修复名录由省级人民政府生态环境主管部门会同自然资源等主管部门制定，按照规定向社会公开，并根据风险管控、修复情况适时更新

制度类型	管理依据	条款	制度要求
风险管控与修复名录	《中华人民共和国土壤污染防治法》	第六十一条	省级人民政府生态环境主管部门应当会同自然资源等主管部门按照国务院生态环境主管部门的规定，对土壤污染风险评估报告组织评审，及时将需要实施风险管控、修复的地块纳入建设用地土壤污染风险管控和修复名录，并定期向国务院生态环境主管部门报告。 列入建设用地土壤污染风险管控和修复名录的地块，不得作为住宅、公共管理与公共服务用地
风险管控	《中华人民共和国土壤污染防治法》	第六十二条	对建设用地土壤污染风险管控和修复名录中的地块，土壤污染责任人应当按照国家有关规定以及土壤污染风险评估报告的要求，采取相应的风险管控措施，并定期向地方人民政府生态环境主管部门报告。风险管控措施应当包括地下水污染防治的内容
		第六十三条	对建设用地土壤污染风险管控和修复名录中的地块，地方人民政府生态环境主管部门可以根据实际情况采取下列风险管控措施： （一）提出划定隔离区域的建议，报本级人民政府批准后实施； （二）进行土壤及地下水污染状况监测； （三）其他风险管控措施
	《污染地块土壤环境管理办法（试行）》	第十八条	污染地块土地使用权人应当根据风险评估结果，并结合污染地块相关开发利用计划，有针对性地实施风险管控。 对暂不开发利用的污染地块，实施以防止污染扩散为目的的风险管控。 对拟开发利用为居住用地和商业、学校、医疗、养老机构等公共设施用地的污染地块，实施以安全利用为目的的风险管控

<table>
<tr><th>制度类型</th><th>管理依据</th><th>条款</th><th>制度要求</th></tr>
<tr><td rowspan="3">治理与修复</td><td>《中华人民共和国土壤污染防治法》</td><td>第六十四条</td><td>对建设用地土壤污染风险管控和修复名录中需要实施修复的地块，土壤污染责任人应当结合土地利用总体规划和城乡规划编制修复方案，报地方人民政府生态环境主管部门备案并实施。修复方案应当包括地下水污染防治的内容</td></tr>
<tr><td rowspan="2">《污染地块土壤环境管理办法（试行）》</td><td>第十九条</td><td>污染地块土地使用权人应当按照国家有关环境标准和技术规范，编制风险管控方案，及时上传污染地块信息系统，同时抄送所在地县级人民政府，并将方案主要内容通过其网站等便于公众知晓的方式向社会公开。
风险管控方案应当包括管控区域、目标、主要措施、环境监测计划以及应急措施等内容</td></tr>
<tr><td>第二十四条</td><td>对需要开展治理与修复的污染地块，土地使用权人应当根据土壤环境详细调查报告、风险评估报告等，按照国家有关环境标准和技术规范，编制污染地块治理与修复工程方案，并及时上传污染地块信息系统。
土地使用权人应当在工程实施期间，将治理与修复工程方案的主要内容通过其网站等便于公众知晓的方式向社会公开。
工程方案应当包括治理与修复范围和目标、技术路线和工艺参数、二次污染防范措施等内容</td></tr>
<tr><td>效果评估</td><td>《中华人民共和国土壤污染防治法》</td><td>第四十二条</td><td>实施风险管控效果评估、修复效果评估活动，应当编制效果评估报告。
效果评估报告应当主要包括是否达到土壤污染风险评估报告确定的风险管控、修复目标等内容。
风险管控、修复活动完成后，需要实施后期管理的，土壤污染责任人应当按照要求实施后期管理</td></tr>
</table>

制度类型	管理依据	条款	制度要求
效果评估	《中华人民共和国土壤污染防治法》	第六十五条	风险管控、修复活动完成后，土壤污染责任人应当另行委托有关单位对风险管控效果、修复效果进行评估，并将效果评估报告报地方人民政府生态环境主管部门备案

2.3　我国工业企业土壤污染防治工作的发展方向

虽然我国已初步建立了基于风险的全过程土壤环境管理制度体系，但由于土壤污染防治工作起步较晚、基础薄弱，仍处在以行政手段为主、配套经济政策零散不健全的初期阶段，制度体系、市场体系、技术体系和监管体系“四位一体”的现代化管理体系尚未完全构建成型，常规监管政策和治理修复技术均难以从整体上支撑土壤生态环境战略安全和长期绿色可持续发展。故明确国家土壤污染防治中长期风险防控重点任务，全面构建“四位一体”现代化治理体系、有效指导“预防为主、保护优先、分类管理、风险管控”土壤污染防治原则的贯彻落实，应作为土壤污染防治工作的一项长期重要基础性工作持续推进。

2.3.1　“预防为主”——持续推进工业企业污染源头防治

土壤污染隐蔽性、长期性和复杂性的特点，使土壤污染治理成本高、见效慢、周期长，耗费大量修复资金，故将“预防为主”作为土壤污染防治的基本原则之一，通过“源头预防”代替“末端治理”，是我国未来土壤环境管理工作的主要方向。应结合国家规定和实际管理需求探讨更加精准化、精细化的土壤环境重点监管单位名单及其动态更新制度，推动落实将土壤污染防治责任和义务纳入土壤环境重点监管单位排污许可要求中，全面落实土壤环境重点监管单位的隐患排查和备案制度、自行监测、拆除污染控制装置等要求；对隐患排查及自行监测中发现的问题及时排查溯源；研发在产企业边生产、边管控、边治理的土壤污染风险管理模式；探索基于重点监管单位自行监测数据的区域化土壤污染预防预警体系建设。

2.3.2 “分类管理”——建立分级分类的土壤综合保护体系

我国工业企业数量庞大、类型众多，其土壤污染风险各不相同，对不同企业开展土壤污染风险的差异化管控是我国未来环境管理工作的必由之路。应根据区域经济社会条件及管理能力，综合考虑生态保护、人居环境保护、地下水保护、粮食安全等保护目标，因地制宜推动建设用地土壤污染分级分类差异化防控。识别土壤污染防治的优先管控区域、行业和污染物。基于原辅材料、生产工艺、企业规模及污染物排放及防治措施、水文地质条件、周边敏感目标等情况，构建基于“源-途径-受体”风险三要素企业用地高、中、低风险分级指标体系、分级方法及管理对策，根据不同地块的风险级别和管理需求，有针对性地开展在产企业土壤环境差异化管理，为进一步建立精准化、精细化的在产企业土壤污染防治体系提供基础。

2.3.3 “风险管控”——探索绿色低碳的风险管控治理模式

我国目前有 30 万～50 万块污染地块，其治理和修复成本巨大。故在风险可控的前提下降低治理成本、提升环境效益是我国未来土壤污染管理工作的发展趋势。应根据污染物类型、总体污染空间分布、水文地质条件、未来开发模式等典型地块污染特征，结合我国污染地块风险管控实施过程中的管理与技术能力，构建国家及地区层面污染地块风险管控技术体系框架；结合减污降碳协同评估体系，筛选潜在可行的绿色低碳风险管控技术，建立推荐性污染地块风险管控技术及典型案例目录；依托 GIS 数据管理与分析软件，探索开发涵盖风险管控过程数据管理、查询、监控、预警及管控方案优化于一体的管理平台及应用示范。

第 3 章　自行监测的一般要求

按照开展自行监测活动的一般流程，土壤污染重点监管单位企业应通过资料收集、现场踏勘及人员访谈等工作，排查企业内所有可能导致土壤或地下水污染的场所及设施设备，将其识别为重点监测单元并进行分类，制定自行监测方案。监测方案内容至少包括：监测点位及布置图，监测指标与频次，拟选取的样品采集、保存、流转、制备与分析方法，质量保证与质量控制等。

本章围绕土壤污染重点监管单位自行监测流程中的关键节点，对其中的关键问题进行介绍。制定监测方案时，应重点保证重点监测单元的识别和分类的科学性、监测指标的全面性、监测频次的合理性、监测数据的代表性，确保能够真实反映污染状况，起到土壤和地下水污染预防预警的目的；自行监测过程中，应该根据本单位实际情况自行监测或者委托有资质的单位开展监测，所有监测活动要严格按照监测技术规范执行；开展监测的过程中，应做好质量保证和质量控制，确保监测数据质量；监测设施的设置和维护应能够满足监测要求，同时为监测的开展提供便利条件；监测信息记录与公开时，应保证监测过程可溯，同时按要求报送和公开监测结果，接受管理部门和公众的监督。

3.1 制定监测方案

企业应通过资料收集、现场踏勘及人员访谈等工作，排查企业内所有可能导致土壤或地下水污染的场所及设施设备，将其识别为重点监测单元并进行分类，制定自行监测方案。监测方案内容至少包括：监测点位及布置图，监测指标与频次，拟选取的样品采集、保存、流转、制备与分析方法，质量保证与质量控制等。

3.1.1 资料收集、现场踏勘及人员访谈

土壤和地下水污染具有隐蔽性，在工作开展前，其潜在隐患点、污染物质和潜在污染状况均不清楚。故需要通过资料收集、现场踏勘及人员访谈等多种形式的前期工作，掌握并核实企业相关信息，便于判断企业污染源所有潜在污染途径与特征污染物质。扎实全面的前期工作，可帮助方案编制单位了解并掌握企业生产情况、污染物产排信息及周边环境敏感点分布情况，为后续制定自行监测方案、科学合理地开展监测、通过监测数据及时发现污染隐患奠定基础。

3.1.2 重点设施设备的排查和识别

工业企业可能造成土壤和地下水污染的潜在污染源种类众多，污染特征也各不相同，《土壤法》第二十一条规定：土壤污染重点监管单位应当履行三大义务，一是严格控制有毒有害物质排放，并按年度向生态环境主管部门报告排放情况；二是建立土壤污染隐患排查制度，保证持续有效防止有毒有害物质渗漏、流失、扬散；三是制定、实施自行监测方案，并将监测数据报生态环境主管部门。这三项工作是相辅相成、互为基础的。应根据企业生产工艺、原辅材料、中间产品及终产品等，识别企业涉及的污染物中列入《中华人民共和国水污染防治法》规定的有毒有害水污染物名录的污染物、《中华人民共和国大气污染防治法》规定的有毒有害大气污染物名录的污染物、《中华人民共和国固体废物污染环境防治法》

规定的危险废物、国家和地方建设用地土壤污染风险管控标准管控的污染物、优先控制化学品名录内的物质，以及其他根据国家法律法规有关规定应当纳入有毒有害物质管理的物质。同时根据《重点监管单位土壤污染隐患排查指南（试行）》等相关技术规定，结合土壤污染隐患排查工作，排查企业所有具有潜在土壤污染隐患的重点场所及重点设施设备，将其中可能通过渗漏、流失、扬散等途径导致土壤或地下水污染的场所或设施设备识别为重点监测单元，开展土壤和地下水监测工作。根据土壤和地下水的监测结果，指导和进一步完善有毒有害物质识别和隐患排查工作。

3.1.3　自行监测方案内容

土壤污染重点监管单位应当对本单位基本信息、生产信息、水文地质信息、生态环境管理信息进行全面梳理，分析潜在的土壤和地下水污染途径，制定能够及时响应土壤或地下水污染状况的自行监测方案，以此作为开展自行监测的依据。

所有土壤污染重点监管单位应在投产当年开展土壤和地下水自行监测工作，并在开展监测前完成自行监测方案的编制及相关准备。监测方案内容至少包括：重点监测单元的识别和划分，监测点位及布置图，监测指标与频次，拟选取的样品采集、保存、流转、制备与分析方法，质量保证与质量控制等。

由于部分土壤污染重点监管单位有自己的固体废物或危险废物的贮存或填埋场，对这些贮存场和填埋场的监测，国家已发布了相应的技术规定，如生活垃圾填埋场的监测执行《生活垃圾填埋场污染控制标准》（GB 16889—2024）或《生活垃圾卫生填埋场环境监测技术要求》（GB/T 18772—2017）；一般工业固体废物贮存场和填埋场执行《一般工业固体废物贮存和填埋污染控制标准》（GB 18599—2020）；危险废物贮存场执行《危险废物贮存污染控制标准》（GB 18597—2023），这些企业或场所制定、实施自行监测方案时，应当执行相应强制性技术规定对监测点位、监测指标及监测频次的要求，不再执行《土壤和地下水指南》的要求，但其监测信息的报送及公开仍应按照生态环境主管部门的要求，与其他土壤污染重点监管单位保持一致。

3.2 建设与管理监测设施

土壤污染重点监管单位涉及的主要监测设施为地下水监测井，地下水监测井的建设原则如下：

1）采集有代表性地下水样品。

2）观测地下水水位，进行含水层水力性质测定。

3）进行污染监测，分析污染源对地下水的环境影响。

土壤污染重点监管单位应按照规定设置结构和深度、数量和位置满足监测要求的地下水监测井，并根据地下水采样目的，合理设计采样井结构，具体包括井管、滤水管、填料等，以保证监测活动的正常开展。

3.2.1 监测井的建设

地下水污染调查首先要建造监测井，其目的为采集有代表性地下水样品；观测地下水水位，进行含水层水力性质测定；进行动态的污染监测，分析污染源和污染羽的演化趋势。根据《地下水环境监测技术规范》（HJ 164—2020）的技术要求，监测井的结构类型包括单管单层监测井、单管多层监测井、巢式监测井、丛式监测井、连续多通道监测井等。在工业企业地下水自行监测过程中，单管单层监测井的应用较为广泛。

单管单层监测井的井管由井壁管（实管）、滤水管（花管）和沉淀管等三部分组成。井壁管位于滤水管上，滤水管下为沉淀管。滤水管位于监测的含水层中，长度范围为从含水层底板或沉淀管顶到地下水位以上的部分，水位以上的部分要在地下水位动态变化范围内；沉淀管的长度一般为50～60 cm，视弱透水层的厚度而定，沉淀管底部须放置在弱透水层内。常见的地下水监测井（单管单层监测井）示意图见图3-1。

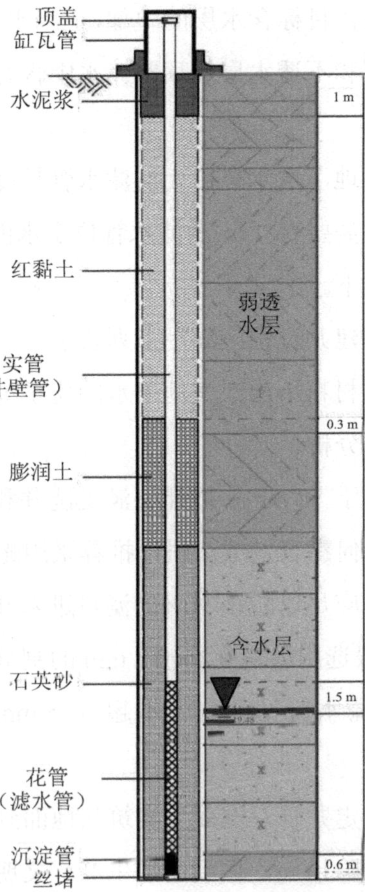

图 3-1　地下水监测井（单管单层监测井）结构示意图

采集地下水样品应通过建设地下水监测井，地下水监测井的建井包括井结构设计、井管与过滤材料选择、井孔钻探、下管、填砾及止水、井台构筑、井位高程及坐标测量、设置标识牌等步骤。监测井建井结束后，应对每个监测井最终的成井信息记录成册，地下水建井记录单格式参见附录 2-1。

（1）监测井的深度和取水位置应满足下列要求

监测井建设深度应满足监测目标要求。监测目标层与其他含水层之间须做好止水，监测井滤水管不得越层，监测井不得穿透目标含水层下的隔水层的底板。

监测井取水位置一般在目标含水层的中部，但当水中含有重质非水相液体时，取水位置应在含水层底部和不透水层的顶部；水中含有轻质非水相液体时，取水位置应在含水层的顶部。

监测井滤水管要求：地下水水位以上的滤水管长度根据地下水水位动态变化确定。一般而言，丰水期需要有 1 m 的滤水管位于水面以上，枯水期需要有 1 m 的滤水管位于地下水面以下。

（2）监测井的材料和建井过程应满足下列要求

监测井所采用的构筑材料不应改变地下水的化学成分，即不能干扰监测过程中对地下水中所含物质的分析。

井管的内径要求不小于 50 mm，以能够满足洗井和取水要求的口径为准，井管各接头连接时不能用任何黏合剂或涂料，推荐采用螺纹式连接井管。

滤水管上的空隙大小应足以防止 90%的滤料进入井内，即其孔隙直径要小于 90%以上的滤料直径，一般选用缝宽 0.2～0.5 mm 的割缝筛管或孔隙能够阻挡 90%的滤层材料的滤水管（滤水管钻孔直径不超过 5 mm，钻孔之间距离在 10～20 mm）。

井口处使用混凝土固定井管，混凝土浇筑从地面到膨润土回填上部。

施工中应采取安全保障措施，做到清洁生产、文明施工，避免钻井过程污染地下水。

监测井建设完成后必须进行洗井，保证监测井出水水清砂净。常见的方法包括超量抽水、反冲、汲取及气洗等；洗井过程中应记录地下水水位及常规水化学参数（如溶解氧、pH、氧化还原电位等）的变化，地下水洗井记录单格式参见附录 2-2。

成井洗井达到要求后，待水位恢复稳定后（一般不小于 48 h）记录监测井内地下水稳定水位埋深等信息。如地下水监测井内发现非水相液体，应用油层测厚仪测量油层的位置和厚度并记录。

（3）监测井的井台构筑应满足下列要求

在产企业的井台构筑应在不影响企业正常生产与道路通行的前提下，采用较明显且易于识别的方式构筑。一般可采用两种形式：一种是明显式井台，井管地上部分 30～50 cm，超出地面的部分采用红白相间的管套保护，管套建议选择强度较大且不易损坏材质，如果在管套与井管之间有孔隙，则注以水泥固定，监测井井口用与井管同材质的丝堵或管帽封存；另一种是隐蔽式井台，原则上不超过自然地面 10 cm。为方便监测时能够打开井盖，建议在地面以下的部分设置直径比井管略大的井套套在井管外，井套外再用水泥固定并筑成土坡状，井套内与井管之间的环形空隙不填充任何物质，以便于井口开启和不妨碍道路通行。

3.2.2　监测井的维护

为保证地下水监测井的可用性，根据《地下水环境监测技术规范》（HJ 164—2020）的技术要求，监测井的维护应满足下列要求：

对每个监测井建立环境监测井基本情况表。监测井的撤销、变更情况应记入原监测井的基本情况表内，新换监测井应重新建立环境监测井基本情况表。

每年应指派专人对监测井的设施进行维护，设施一经损坏，必须及时修复。

每年测量监测井井深一次，当监测井内淤积物淤没滤水管，应及时清淤。

每 2 年对监测井进行一次透水灵敏度试验。当向井内注入灌水段 1 m 井管容积的水量，水位复原时间超过 15 min 时，应进行洗井。

井口固定点标志和孔口保护帽等发生移位或损坏时，必须及时修复。

3.3　开展自行监测

3.3.1　自行监测开展方式

监测活动开展是自行监测的核心。在监测组织方式上，开展监测活动可以依托土壤污染重点监管单位自有人员、设备、场地自行开展监测，也可以委托有资质的社会化检测机构开展监测。

土壤污染重点监管单位自行监测活动开展方式选择流程如图 3-2 所示。企业首先根据自行监测方案明确监测点位、监测项目、监测频次，在此基础上根据不同监测项目的监测要求分析本单位是否具备开展自行监测的条件。具备监测条件的项目，可选择自行监测；不具备监测条件的项目，排污单位可根据自身实际情况，决定是否提升自身监测能力，以满足自行监测的条件。如果通过筹建实验室、购买仪器、聘用人员等方式可达到开展自行监测条件的，可以选择自行监测。若排污单位委托社会化检测机构开展监测，需要按照不同监测项目检查拟委托的社

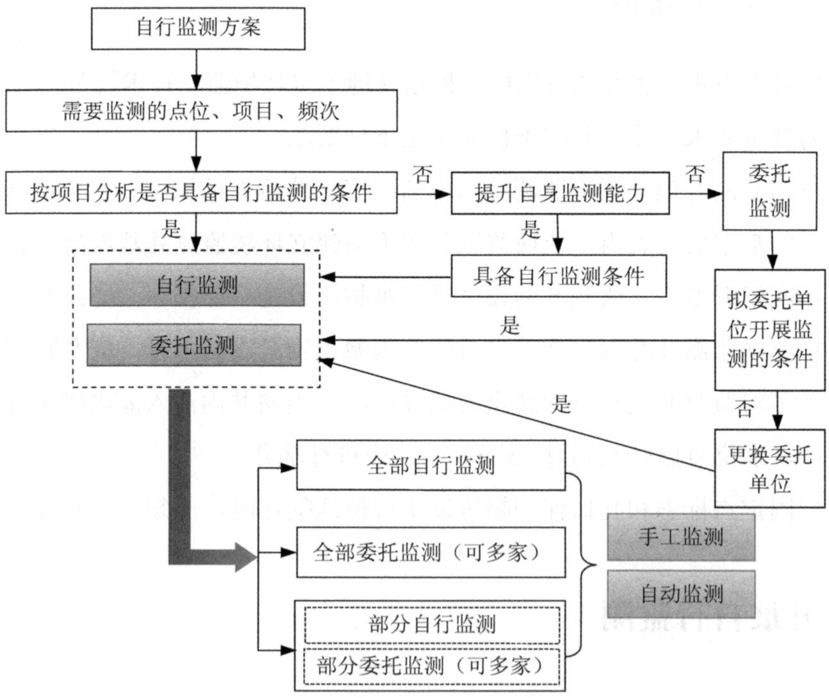

图 3-2　排污单位自行监测活动开展方式选择流程

会化检测机构是否具备承担委托监测任务的条件。若拟委托的社会化检测机构符合条件，则可委托社会化检测机构开展监测；若不符合条件，则应更换具备条件的社会化检测机构承担相应的监测任务。由此来说，同一企业有 3 种可选方式：全部自行监测、全部委托监测、部分自行监测部分委托监测。同一企业的不同监测项目，也可委托多家社会化检测机构开展监测。

土壤污染重点监管单位应依据自行监测方案安排监测计划，开展相应的监测活动。为保证监测结果的连续性和可比性，除下列情况外，监测方案不宜随意变更：国家相关法律法规或标准发生变化；企业的重点场所或重点设施设备位置、功能、生产工艺等发生变动；企业在原有基础上增加监测点位、监测指标或监测频次。

3.3.2　监测活动开展一般要求

监测活动开展的技术依据是监测技术规范。除了监测方法中的规定，我国还有一些系统性的监测技术规范对监测全过程进行规定或者专门针对监测的某个方面进行了技术规定。如土壤和地下水的样品采集、保存、流转、制备与分析各环节，不同污染因子的分析测试方法等。为了保证监测数据准确、可靠，能够客观反映实际情况，无论是自行开展监测，还是委托其他社会化检测机构，都应该按照国家发布的环境监测技术规范、监测方法标准等来开展。

开展监测活动的机构和人员由企业根据实际情况决定。土壤污染重点监管单位可根据自身条件和能力，利用自有人员、场所和设备自行监测，土壤污染重点监管单位自行实施监测时不需要通过国家的实验室资质认定，目前国家层面不要求检测报告必须加盖中国计量认证（CMA）印章。个别或者全部项目不具备自行监测能力时，也可委托其他有资质的社会化检测机构代其开展。

无论是土壤污染重点监管单位自行监测，还是委托社会化检测机构开展监测，土壤污染重点监管单位都应对自行监测数据的真实性负责。如果社会化检测机构未按照相应技术规范、监测方法的标准开展监测，或者存在造假等行为，土壤污染重点监管单位可以依据合同追究所委托的社会化检测机构的责任。

3.3.3 监测活动开展应具备的条件

3.3.3.1 自行监测应具备的条件

自行承担监测活动的企业，应具备开展相应监测项目的能力，主要从以下几个方面考虑。

（1）人员

自行监测作为土壤污染重点监管单位环境管理的关键环节和重要基础，人才是关键，高素质的环境监测人员队伍为土壤污染重点监管单位自行监测工作提供了坚实的人才保障。

自行开展相应分析测试工作的土壤污染重点监管单位应有承担环境监测职责的机构，落实环境监测经费，赋予相应的工作定位和职能，配备充足的环境监测技术人员和管理人员。在人员比例上，要考虑各类技术人员的构成，如可要求高级技术人员占技术人员总数的占比不低于 20%，中级技术人员占比不低于 50%。

土壤污染重点监管单位应与其工作人员建立固定的劳动关系，明确技术人员和管理人员的岗位职责、任职要求和工作关系，使其满足岗位要求并具有所需的权力和资源，履行建立、实施、保持和持续改进管理体系的职责。

土壤污染重点监管单位监测机构最高管理者应组织和负责管理体系的建立和有效运行。排污单位应对操作设备、监测、签发监测报告等人员进行能力确认，由熟悉监测目的、程序、方法和结果评价的人员对监测人员进行质量监督。排污单位应制订人员培训计划，明确培训需求和实施人员培训，并评价培训活动的有效性。排污单位应保留技术人员的相关资质、能力确认、授权、教育、培训和监督的记录。

（2）设施与环境条件

自行开展相应分析测试工作的土壤污染重点监管单位应配备用于监测的设

施，包括能源、照明和环境条件等，实验室设施应有助于监测的正确实施。

实验室宜集中布置，做到功能分区明确、布局合理、互不干扰，对于有温湿度控制要求的实验室，建筑设计应采取相应技术措施；实验室应有相应的安全消防保障措施。

实验室设计必须执行国家现行有关安全、卫生及环境保护法规和规定，对限制人员进入的实验区域应在其显眼区域设置警告装置或标志。

凡是进入含有对人体有害的气体、蒸气、气味、烟雾、挥发性物质的实验室，应设置通风橱，实验室需维持负压，向室外排风时必须经特殊过滤；凡是经常使用强酸、强碱、有化学品烧伤风险的实验室，应在出口就近设置应急喷淋器和应急洗眼器等装置。

实验室用房一般照明的照度均匀，其最低照度与平均照度之比不宜小于 0.7，微生物实验室宜设置紫外线灭菌灯，其控制开关应设在门外并与一般照明灯具的控制开关分开安装。

为了确保监测结果的准确性，排污单位应做到：对影响监测结果的设施和环境条件，应制定相应的标准文件。如果规范、方法和程序有要求，或对结果的质量有影响时，实验室应监测、控制和记录环境条件。当环境条件影响监测结果时，应停止监测。应将不相容活动的相邻区域进行有效隔离。对进入和使用影响监测质量的区域，应加以控制。应采取措施确保实验室的良好内务，必要时应制定专门的程序。

（3）仪器设备

自行开展相应分析测试工作的土壤污染重点监管单位应配备监测（包括采样、样品前处理、数据处理与分析）所需的所有设备，用于监测的设备及其软件应达到要求的准确度，并符合监测相应的规范要求。根据监测项目，应配备的仪器设备包括气相色谱仪、液相色谱仪、离子色谱仪、原子吸收光谱仪、原子荧光光谱仪、红外测油仪、分光光度计、万分之一天平、马弗炉、烘箱、pH 计等。对结果有重要影响的仪器的分量或值，应制订校准计划。设备在投入工作前应进行校准或核查，以保证其满足实验室的规范要求和相应的标准规范。

仪器设备应由经过授权的人员操作，大型仪器设备应配有仪器设备操作规程和仪器设备运行与保养记录；每台仪器设备及其软件应有唯一性标识；应保存对监测具有重要影响的每台仪器设备及软件的记录，并存档。

（4）实验室质量体系

自行开展相应分析测试工作的土壤污染重点监管单位应建立实验室质量体系文件，制定质量手册、程序说明、作业指导书等文件，采取质量保证和质量控制措施，确保自行监测数据可靠。可根据实际情况确定是否需要取得实验室计量认证和实验室认可等资质。

3.3.3.2 委托单位相关要求

委托社会化检测机构开展自行监测的土壤污染重点监管单位，也应对自行监测数据的真实性负责，因此土壤污染重点监管单位应重视对被委托单位的监督管理。其中，具备监测能力是被委托单位承接监测活动的前提和基本要求。接受自行监测任务的单位应具备监测相应项目的资质，即所出具的监测报告必须能够加盖 CMA 印章。排污单位除应对资质进行检查外，还应该加强对被委托单位的事前、事中、事后监督管理。

除应对资质进行检查外，企业还应该在选择拟委托的社会化检测机构前，对其既往业绩、实验室条件、人员条件等进行检查，重点考虑社会化检测机构是否具有承担本单位委托项目的能力与经验，是否存在弄虚作假的不良记录等。

每年报送全年监测报告前，土壤污染重点监管单位应对被委托单位的监测数据进行全面检查，包括监测的全面性、记录的规范性、监测数据的可靠性等，确保被委托单位能够按照要求开展监测，若数据存疑，可要求被委托单位提供相应的原始记录、质控记录等，若有存疑的地方，可现场检查，或委托独立第三方实验室进行复测。

3.4 监测质量保证与质量控制

无论是自行开展监测还是委托社会化检测机构开展监测，都应该根据相关监测技术规范、监测方法标准等要求做好质量保证与质量控制。

自行开展监测的排污单位应根据本单位自行监测的工作需求，设置监测机构，梳理制定监测方案、样品采集、样品分析、出具监测结果、样品留存、相关记录的保存等各个环节，制定工作流程、管理措施与监督措施，建立自行监测质量体系，确保监测工作质量。质量体系应包括对以下内容的具体描述：监测机构、人员、出具监测数据所需仪器设备、监测辅助设施和实验室环境、监测方法技术能力验证、监测活动质量控制与质量保证等。

委托其他有资质的社会化检测机构代其开展自行监测的，排污单位不用建立监测质量体系，但应对社会化检测机构的资质进行确认。

3.5 报送和公开监测数据

自行监测是一项土壤污染重点监管单位自主开展、自证清白的行为，重点监管单位应对监测数据及信息公开内容的真实性和准确性负责，故其监测结果离不开行业主管部门与社会民众的监督。《土壤法》第二十一条要求：重点监管单位应制定、实施自行监测方案，并将监测数据报生态环境主管部门。《工矿用地土壤环境管理办法（试行）》第十二条要求：重点单位应当按照相关技术规范要求，自行或者委托第三方定期开展土壤和地下水监测，重点监测存在污染隐患的区域和设施周边的土壤、地下水，并按照规定公开相关信息。“土十条”第十八款要求：列入重点监管名单的企业每年要自行对其用地进行土壤环境监测，结果向社会公开。故土壤污染重点监管单位应按照相关法规的要求，定期将监测数据报生态环境主管部门并向社会公开监测结果，接受相关的监督与检查。纳入排污许可的，按照排污许可相关管理要求执行。

3.6 土壤和地下水自行监测方案编制大纲（示例）

1 项目背景

1.1 项目由来

1.2 工作依据

1.3 工作内容及技术路线

2 企业概况

2.1 企业基本信息

2.2 企业平面图

2.3 企业用地已有的环境调查与监测信息

3 周边环境及自然状况

3.1 自然环境

1）气候环境

2）地形地貌

3）水文地质情况

3.2 社会环境

1）周边地块用途

2）敏感目标分布

4 企业生产及污染防治情况

4.1 企业生产概况

4.2 企业设施布置

4.3 各设施情况

1）生产工艺

2）设施运行过程中可能涉及的有毒有害物质清单（包括原辅料、中间产

品、产品或污染物排放涉及的有毒有害物质）

3）设施采取的污染防治情况（采取的“三废”收集及处置工艺）

5　重点设施识别及监测单元划分

5.1　重点设施识别

1）识别原因

2）关注污染物

3）污染物潜在迁移途径

5.2　重点监测单元划分

6　土壤和地下水监测点位布设方案

6.1　点位设置平面图（图中标记重点设施及重点区域）

6.2　各点位布设原因分析

6.3　各点位分析测试指标、监测频次及选取原因

7　监测实施计划

7.1　土壤采样

7.2　地下水采样

7.3　样品保存与分析测试方法

7.4　数据分析与评估

8　质量保证与质量控制

8.1　监测机构及人员

8.2　监测方案制定的质量保证与控制

8.3　样品采集、保存与流转的质量保证与控制

8.4　样品分析测试的质量保证与控制

第 4 章　自行监测方案的制定

立足土壤和地下水自行监测工作在我国污染源监测管理制度中的定位，借鉴国内外对土壤和地下水高风险隐患设施的监测方法，依据《工矿用地土壤环境管理办法（试行)》“重点监测存在污染隐患的区域和设施周边的土壤、地下水”的原则要求，确定了土壤污染重点监管单位制定自行监测方案的依据。为了让标准规范的使用者更好地理解标准中规定的内容，本章重点围绕《土壤和地下水指南》中的具体要求，对其中部分要求的来源和考虑以及使用过程中需要注意的重点事项进行详细说明。

4.1　重点监测单元

4.1.1　资料收集

企业资料的充分收集是科学开展自行监测工作的基础。资料的收集、梳理和汇总，有助于开展自行监测工作的人员充分了解企业各设施涉有毒有害物质的情况及其污染土壤或地下水的环境风险，从而为后续重点监测单元的识别和分级提供依据。主要包括企业基本信息、生产信息、水文地质信息、生态环境管理信息等，可根据实际情况增减有关资料，常见的资料收集建议清单见表 4-1。

表 4-1　建议收集的资料清单

信息项目	作用	获取渠道
企业名称	确定企业基本情况	企业资料
排污许可证编号（仅限于核发排污许可证的企业）	确定企业基本情况，初步判断企业主要涉污情况	企业资料，可在全国排污许可证管理信息平台查询
企业地址、坐标	确定企业基本情况	坐标可通过国家或地方地理信息公共服务平台抓取
企业生产经营范围，行业分类	确定企业基本情况，初步判断企业生产行为	经营范围参照企业工商注册信息，行业分类可按照企业生产在《国民经济行业分类》（GB/T 4754—2017）中对应的行业大类及行业小类判别
企业总平面布置图及面积	根据总平面布置图分区开展企业生产信息调查，并作为底图用于重点单元及监测点位的标记	企业资料，总平面布置图也可根据企业现场踏勘情况绘制，面积可通过国家或地方地理信息公共服务平台抓取
企业生产工艺流程图	确定企业生产流程，便于有毒有害物质及设施设备的梳理	企业资料（如环评信息、排污许可证信息等），可通过现场踏勘或人员访谈获取或完善
企业各场所、设施、设备分布图；涉及有毒有害物质的管线分布图	确定各设施设备清单及其分布，以此为依据开展现场的隐患排查工作，便于重点单元的识别和分类	企业资料（如环评信息、排污许可证信息等），可通过现场踏勘或人员访谈获取或完善
各场所或设施设备的功能/涉及的生产工艺/使用、贮存、转运或产出的原辅用料、中间产品和最终产品清单/涉及的有毒有害物质信息	确定各场所或设施设备涉及有毒有害物质的情况，便于识别关注污染物	企业资料（如环评信息、排污许可证信息等），可通过现场踏勘或人员访谈获取或完善
各场所或设施设备废气、废水、固体废物收集、排放及处理情况	确定各场所或设施设备涉及有毒有害物质的情况，便于识别关注污染物	企业资料（如环评信息、排污许可证信息等），可通过现场踏勘或人员访谈获取或完善
地面覆盖、地层结构、土壤质地、岩土层渗透性等特性；地下水埋深/分布/径流方向	确定企业地质及水文地质情况，便于识别污染物运移路径	本信息可通过自行监测的踏勘和建井过程获取
企业用地历史	便于判断用地历史对环境介质中污染物背景值的影响	企业资料，可通过现场踏勘或人员访谈获取或完善

信息项目	作用	获取渠道
企业所在地地下水功能区划	便于判断企业所在区域背景值及应选取的相应环境质量标准；了解企业周边是否存在地下水敏感区	地方水务部门、生态环境主管部门，若无区划可查阅相关资料文献或综合对比所在区域地下水历史监测数据确定背景值及应选取的相应环境质量标准
企业现有地下水监测井信息	符合要求的监测井可持续使用	企业资料，可通过现场踏勘或人员访谈获取或完善
土壤和地下水环境调查监测数据、历史污染记录	便于判断环境介质中污染物种类和浓度的现状情况	企业资料，可通过历史自行监测数据、本地块或周边地块历史调查数据，现场踏勘或人员访谈获取或完善

4.1.2 现场踏勘

现场踏勘的目的是补充和确认待监测企业内部的信息，核查所收集资料的有效性。现场踏勘的过程中应对照企业平面布置图，勘查各场所及设施设备的分布情况，核实其主要功能、生产工艺及涉及的有毒有害物质；重点观察场所及设施设备地面硬化或其他防渗措施情况，判断是否存在通过渗漏、流失、扬散等途径导致土壤或地下水污染的隐患；观察企业各重点设施周边的布点条件，留存各场所及设施设备主体及周边地面硬化或其他防渗措施情况的影像记录（图 4-1）；确认企业周边 1 km 范围是否存在地下水敏感区。

图 4-1 影像记录示例

4.1.3 人员访谈

必要时，可通过人员访谈进一步补充和核实企业信息。访谈人员可包括企业负责人，熟悉企业生产活动的管理人员和职工，企业属地的生态环境、发展改革、工业/经济和信息化等主管部门的工作人员，熟悉所在地情况的人员，相关行业专家等。

由于在产企业的生产工艺和关注污染物相对清楚，人员访谈不是自行监测工作的必需环节，自行监测方案的编制单位可根据情况确定是否需要开展访谈、访谈的人员名单及访谈内容等。如果将人员访谈内容作为后续监测单元的划分或点位布设的依据，应留存人员访谈的记录作为附件并在报告编制中提供相关说明。

4.1.4 重点监测单元的识别与分类

自行监测工作结合《重点监管单位土壤污染隐患排查指南（试行）》等相关技术规范的要求，排查企业内有潜在土壤污染隐患的重点场所及重点设施设备，将其中可能通过渗漏、流失、扬散等途径导致土壤或地下水污染的场所或设施设备识别为重点监测单元，开展土壤和地下水监测工作。

表 4-2 列出了有潜在土壤污染隐患的重点场所或者重点设施设备。

表 4-2 有潜在土壤污染隐患的重点场所或者重点设施设备

序号	涉及工业活动	重点场所或者重点设施设备
1	液体储存	地下储罐、接地储罐、离地储罐、废水暂存池、污水处理池、初级雨水收集池
2	散装液体转运与厂内运输	散装液体物料装卸、管道运输、导淋、传输泵
3	货物的储存和传输	散装货物储存和暂存、散装货物传输、包装货物储存和暂存、开放式装卸
4	生产区	生产装置区
5	其他活动区	废水排水系统、应急收集设施、车间操作活动、分析化验室、一般工业固体废物贮存场、危险废物贮存库

上述重点场所及重点设施设备中涉及有毒有害物质并且具备污染途径的污染源应被确定为重点单元并开展自行监测，总体而言，只要存在发生污染的潜在可能就可识别为重点单元，并不一定已经发生污染才能识别。

（1）有毒有害物质的识别标准通常包括：

①《中华人民共和国水污染防治法》规定的有毒有害水污染物名录的污染物；

②《中华人民共和国大气污染防治法》规定的有毒有害大气污染物名录的污染物；

③《中华人民共和国固体废物污染环境防治法》规定的危险废物；

④国家和地方建设用地土壤污染风险管控标准管控的污染物；

⑤优先控制化学品名录内的物质；

⑥其他根据国家法律法规有关规定应当纳入有毒有害物质管理的物质。

（2）具备污染途径的判别标准包括：

①该场所或设施设备是否可能发生渗漏、流失或扬散；

②有毒有害物质是否能够进入土壤或地下水。

对大部分企业而言，企业内部重点场所及重点设施设备的分布特别密集，很难针对各重点场所或重点设施设备独立开展监测，故重点场所或重点设施设备分布较密集的区域可将处于同一污染物迁移途径上的场所或设施设备统一划分为一个重点监测单元，每个重点监测单元原则上面积不大于 6 400 m^2。

对于炼化、化工等部分行业，若存在占地面积整体大于 6 400 m^2，且内部不存在布点条件的大型设施，可将设施整体划分为一个监测单元，后续布点阶段在单元下游适当增加地下水监测井的布设数量。图 4-2 提供了一个企业内重点监测单元的划分示例，其中较大的单元均在下游增加了地下水监测井的布设数量。

重点监测单元确定后，应依据表 4-3 所述原则对其进行分类，并填写重点监测单元清单。

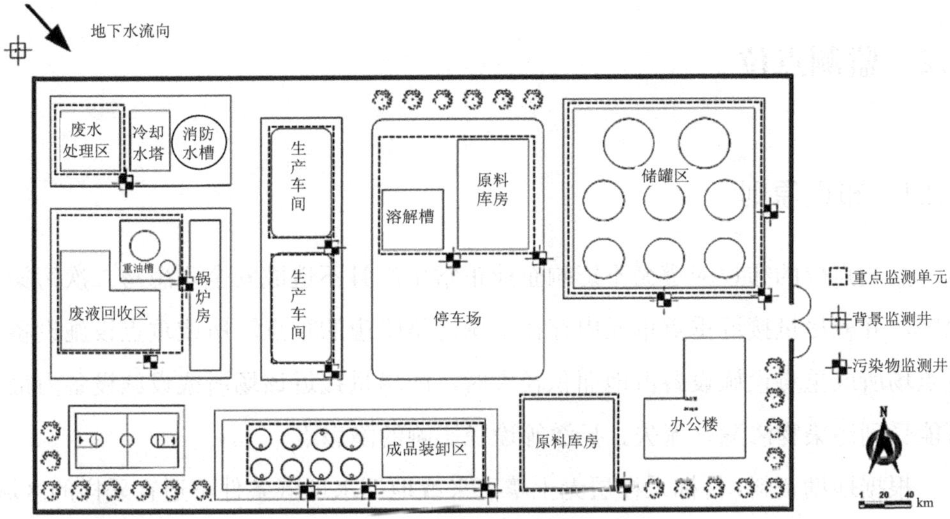

图 4-2　重点监测单元划分示例

表 4-3　重点监测单元分类

单元类别	划分依据
一类单元	内部存在隐蔽性重点设施设备的重点监测单元
二类单元	除一类单元外其他重点监测单元

隐蔽性重点设施设备，一般指污染发生后不能及时发现或处理的重点设施设备，如地下、半地下或接地的储罐、池体、管道等。隐蔽性设施和非隐蔽性设施的区别示例见图 4-3。

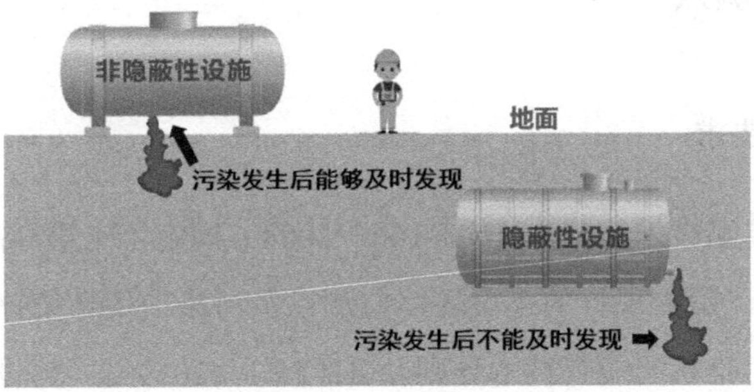

图 4-3　隐蔽性设施和非隐蔽性设施的区别

4.2 监测点位

4.2.1 布设原则

监测点位的布设应遵循不影响企业正常生产且不造成安全隐患与二次污染的原则，并应尽量接近重点单元内存在土壤污染隐患的重点场所或重点设施设备。重点场所或重点设施设备占地面积较大时，应尽量接近该场所或设施设备内最有可能受到污染物渗漏、流失、扬散等途径影响的隐患点。

根据地勘资料，目标采样层无土壤可采或地下水埋藏条件不适宜采样的区域，可不进行相应监测，但应在监测报告中提供地勘资料并予以说明。

对于地下水埋藏条件是否适宜采样的判断，宜充分综合考虑地层情况、水文地质情况，结合特征污染物的性质判断。当监测单元的特征污染物为六价铬、苯系物、卤代烃、石油烃、甲基叔丁基醚等迁移性较强的物质时，因其一旦泄漏可迁移至较深的区域，造成后续治理修复极其困难，建议尽量开展监测；当监测单元的特征污染物为重金属（除六价铬外）、半挥发性有机物（如多环芳烃等）等迁移性较弱的物质，可考虑将地下水埋深大于 15 m 的区域判别为地下水埋藏条件不适宜采样的区域。

4.2.2 土壤监测点

4.2.2.1 总体要求

《土壤环境监测技术规范》（HJ/T 166—2004）规定了土壤样品采集的“随机”和“等量”原则。国内现行的土壤环境监测以及污染地块环境评价行业标准，如《建设用地土壤污染状况调查技术导则》（HJ 25.1—2019）、《建设用地土壤污染风险管控和修复监测技术导则》（HJ 25.2—2019）等提出了随机布点法与专业判断法相结合的布点原则。在产企业的土壤采样与一般的土壤环境监测或建设用地调查情况不同，一是在产企业的土壤调查布点采样具有许多限制性因素，如绝大部分在产企业厂界内地面基本上都已作硬化处理，仅留存部分绿化带，不具备布点条件；二是对于在产企业来说，企业的各区域或设施的功能十分明确，属于潜在污染明确的地块，故建议在产企业采用专业判断布点法，在设施周边、土壤裸露处等易于发生污染的区域进行布点。

土壤采样时布点的位置和深度总体满足下列要求：

（1）监测点位置及数量

1）一类单元。一类单元涉及的每个隐蔽性重点设施设备周边原则上均应布设至少 1 个深层土壤监测点，单元内部或周边还应布设至少 1 个表层土壤监测点。

2）二类单元。每个二类单元内部或周边原则上均应布设至少 1 个表层土壤监测点，具体位置及数量可根据单元大小或单元内重点场所或重点设施设备的数量及分布等实际情况适当调整。监测点原则上应布设在土壤裸露处，并兼顾考虑设置在雨水易于汇流和积聚的区域，污染途径包含扬散的单元还应结合污染物主要沉降位置确定点位。

（2）采样深度

1）深层土壤。深层土壤监测点采样深度应略低于其对应的隐蔽性重点设施设备底部与土壤接触面。

在下游 50 m 范围内设有地下水监测井并按照本标准要求开展地下水监测的单元可不布设深层土壤监测点。

2）表层土壤。表层土壤监测点采样深度应为 0～0.5 m。

单元内部及周边 20 m 范围内地面已全部采取无缝硬化或其他有效防渗措施，无裸露土壤的，可不布设表层土壤监测点，但应在监测报告中提供相应的影像记录并予以说明。

4.2.2.2 对相关布设原则的说明

上述布点原则的确定，是因为对于一类单元，表层采样对于单元内部的埋地储罐等隐蔽性设施设备意义不大，隐蔽性设施的污染一般都发生在设施底部，故一类单元土壤监测以深层采样为主，每个一类单元内的隐蔽性设施下游原则上均应布设至少 1 个深层土壤监测点，以捕捉对应隐蔽设施可能产生的污染。因为土壤异质性较差，污染物基本不会沿水平迁移，不宜像地下水一样进行不同设施间的合并监测，故每个隐蔽设施设备均应布设对应监测点，监测点的采样深度略低于设施设备底部与土壤接触面。在下游 50 m 范围内设有地下水监测井并按照标准要求开展地下水监测的一类单元，可不开展深层土壤监测。

除单独针对一类单元隐蔽性设施的深层土壤监测外，每个重点单元还应当在周边或内部地表裸露的区域布设少量表层采样点，参照《建设用地土壤污染风险管控和修复监测技术导则》（HJ 25.2—2019）中对表层采样的要求，开展表层（0～0.5 m）采样工作，以捕捉泄漏、遗洒、沉降等途径可能对表层土壤造成的污染。如重点单元周边地面已全部按照国家相关技术规范的要求采取硬化或其他有效防渗措施，无裸露土壤的，其表层土壤污染风险较低，原则上可不进行土壤表层采样。除一类单元外，其他单元不建议通过破坏防渗层的方式对无裸露的区域进行钻孔采样，不但监测成本较高，且影响企业正常的生产过程。

但必须说明的是，从监测效果看，虽然土壤监测结果能够直观反映土壤污染情况，但由于土壤性质存在空间差异，污染物在土壤中水平方向的迁移途径随机性较大，在不进行网格化布点和大批量采样的前提下，仅通过土壤采样了解企业厂界内污染状况具有较大的局限性。US EPA 对于危险废物处理处置设施污染的日常监测，也是仅以地下水监测作为预防预警的主要手段。因此在企业自行监测的过程中，应以地下水采样作为识别污染情况的主要方式，土壤采样作为辅助判定。

4.2.3　地下水监测点

4.2.3.1　总体要求

由于污染物质在地下水中的迁移性较强，企业重点场所及重点设施设备中发生泄漏的污染物会进入土壤并通过地下水进行迁移，因此通过地下水监测井进行环境监测的结果最为有效。

污染源的分布和污染物在地下水中扩散形式是布设污染物监测井的首要考虑因素。应根据当地地下水流向、污染源分布状况和污染物在地下水中扩散形式，采取点面结合的方法布设污染物监测井。由于污染物在地下水中扩散形式非常复杂，有必要对常见情况下的建井原则进行具体说明，美国 RCRA 专门编制了"Ground-Water Monitoring Technical Enforcement Guidance Document"，用以指导不同地质情况及污染物性质下的监测井布设原则，并且提出在地下水建井时应"同时考虑到水平和垂直的布设（采样位置及采样深度）"。

地下水采样时布点的位置和深度总体满足下列要求：

（1）对照点

企业原则上应布设至少 1 个地下水对照点。

对照点布设在企业用地地下水流向上游处，与污染物监测井设置在同一含水层，并应尽量保证不受自行监测企业生产过程影响。

邻近河流、湖泊和海洋等地下水流向可能发生季节性变化的区域可根据流向变化适当增加对照点数量。

（2）监测井位置及数量

每个重点单元对应的地下水监测井不应少于 1 个。每个企业地下水监测井（含对照点）总数原则上不应少于 3 个，且尽量避免在同一直线上。

应根据重点单元内重点场所或重点设施设备的数量及分布确定该单元对应地下水监测井的位置和数量，监测井应布设在污染物运移路径的下游方向，原则上监测井的位置和数量应能捕捉到该单元内所有重点场所或重点设施设备可能产生的地下水污染。

地面已采取了符合《环境影响评价技术导则 地下水环境》（HJ 610—2016）和《环境影响评价技术导则 土壤环境（试行）》（HJ 964—2018）相关防渗技术要求的重点场所或重点设施设备可适当减少其所在单元内监测井数量，但不得少于 1 个监测井。

企业或邻近区域内现有的地下水监测井，如果符合《土壤和地下水指南》及《地下水环境监测技术规范》（HJ 164—2020）的筛选要求，可以作为地下水对照点或污染物监测井。

监测井不宜变动，尽量保证地下水监测数据的连续性。

（3）采样深度

自行监测原则上只调查潜水。涉及地下取水的企业应考虑增加取水层监测。

在地下水对照点的确定上，应充分考虑上游其他污染源可能带来的相关影响（图 4-4），以判别企业内部污染监测井中检出的污染物是否由企业生产造成，对照点中污染物的浓度也可用于辅助判断企业所在区域地下水的质量状况。对照点的选取还应充分考虑地下水流向随不同季节变化的影响。也可选择每年固定在同一流向的时间节点采样。

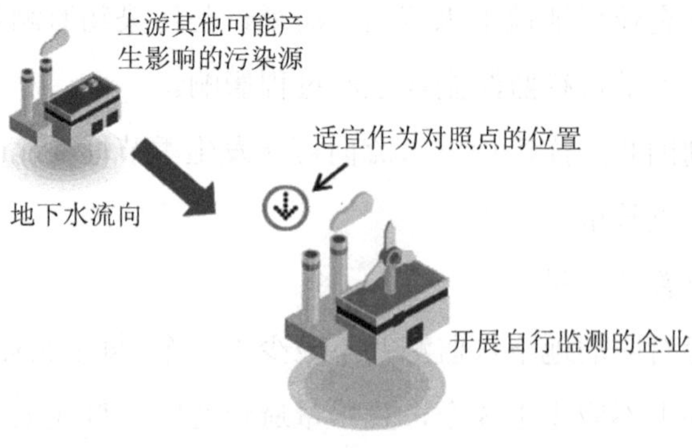

图 4-4 地下水对照点选取位置的建议

4.2.3.2 对相关布设原则的说明

在布点位置上，美国石油协会（American Petroleum Institute，API）在 1998 年针对美国 604 个已停业、无继续渗漏来源，并进行污染控制中的地下油罐的调查发现，地下水石油碳氢化合物污染范围呈现如下规律：污染羽最长距离为 1 000 m；污染羽平均距离为 40 m；75%的渗漏场址地下水中石油碳氢化合物移动距离在 66 m 内。《地下水环境监测技术规范》（HJ 164—2020）规定尾矿库污染扩散监测点设置在下游 30～50 m 处，加油站污染扩散监测点设置在下游 5～30 m 处；《生活垃圾填埋场污染控制标准》（GB 16889—2024）规定污染监测井分别设在填埋场地下水流向下游 30 m 及 50 m 处。已有研究提出不同种类的危险废物填埋场的污染扩散监测井应布设于垂直地下水流向 30～50 m 处及地下水流向下游 10 m、30 m、50 m 或 80 m 处，故企业在布设监测井时，应充分考虑地下水监测井是否位于监测单元内有泄漏隐患的重点设施的地下水运移路径上，以及监测井距有泄漏隐患的重点设施的距离是否能够及时捕捉污染物，监测井的设置距离也可通过地下水流向及流速的分析确定。

常见的地下水中污染物运移路径的分析、地下水流向及流速的分析可参考如下方法进行：

（1）地下水中污染物运移路径的分析方法

地下水中污染物的运移路径应结合监测单元内有泄漏隐患的重点设施潜在的泄漏位置，结合地下水流向确定，图 4-5 给出了地下水运移路径的分析示例。

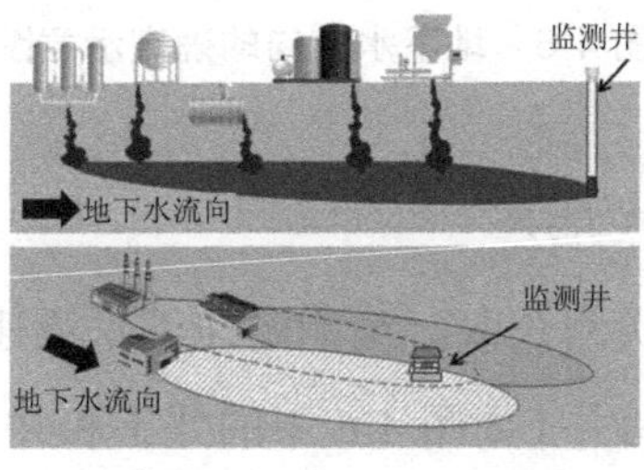

图 4-5　重点设施潜在污染地下水运移路径的分析示例

（2）地下水流向的分析方法

在布设监测点位前，可根据地块内或周边已有的水文地质资料等信息，初步判别地下水流向，作为监测井布设的依据。鉴于多种原因可能会导致地块尺度下地下水流向发生变化，建议每次采样时重新分析地下水流向，地下水流向发生变化时应当考虑调整地下水监测井布设位置。

地下水流向可以采用仪器测定，也可参考如下方法进行分析：

选取地块中 3 口以上监测井，实测地下水水位、通过绘制等水位线图的方法确定该地块区域范围内地下水流向。绘制等水位线图即根据地理标高把水位观测数据换算成统一标高的数据，然后在地图上标出每个观测水井位置和地下水水位，将水位高度相等的各位置用线连接。示例见图 4-6。

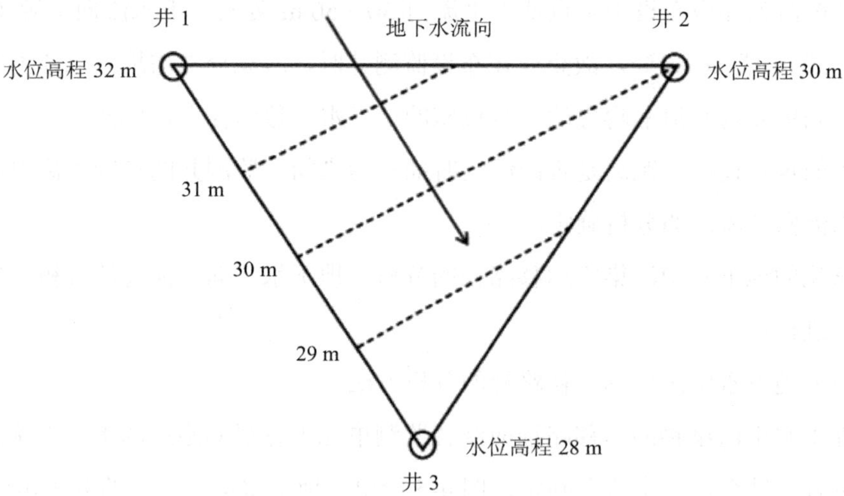

图 4-6　地下水流向的确定示意图

（3）地下水流速的估算方法

地下水流速一般通过实测获取，无测定地下水流速的条件时，可选取地块中连线与地下水流向一致的两井（如图 4-6 中的井 1 和井 3）用以地下水流速的简单估算，两点间地下水的流速 v 可由式（4-1）计算：

$$v = K \times \frac{H_1 - H_2}{L} \tag{4-1}$$

式中：K —— 渗透系数，取值见表 4-4，m/d；

$H_1 - H_2$ —— 两井之间水头差，由两井中水位相减得出，为正值，m；

L —— 渗透途径，两井之间直线距离，m。

表 4-4　不同地层的渗透系数　单位：m/d

岩性	亚黏土	亚砂土	粉砂	细砂	中砂	粗砂	砾石	卵石
K	0.001～0.10	0.10～0.50	0.5～1.0	1.0～5.0	5.0～20	20～50	50～150	150～500

若任何两个监测井点位的连线均与地下水流向不同，则计算两个位置间的地下水实际流速 v' 利用如下公式计算：

$$v' = v \times \cos\theta \tag{4-2}$$

式中：v —— 两点间地下水的流速 v，用式（4-1）计算；

θ —— 地下水流向与两井位置连线之间的夹角，量纲为一，取值方法见图 4-7。

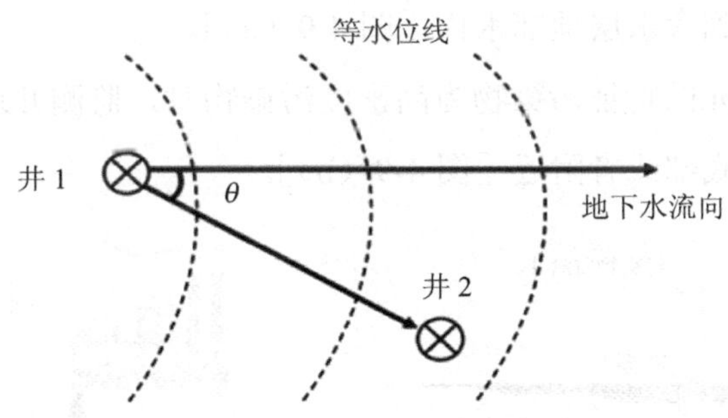

图 4-7　θ 的取值示意图

在采样深度上，监测井应主要考虑对钻探时探得的第一含水层进行监测，在大部分情况下探得的第一含水层是潜水层，但也有部分区域由于特殊的地质环境，第一含水层为上层滞水或微承压水。对于上层滞水，是否应当开展监测取决于其赋存面积及稳定性，一般上层滞水稳定性较弱，分布区域较小，不宜作为监测对象；微承压水可作为监测对象。地下水赋存特征见图 4-8。

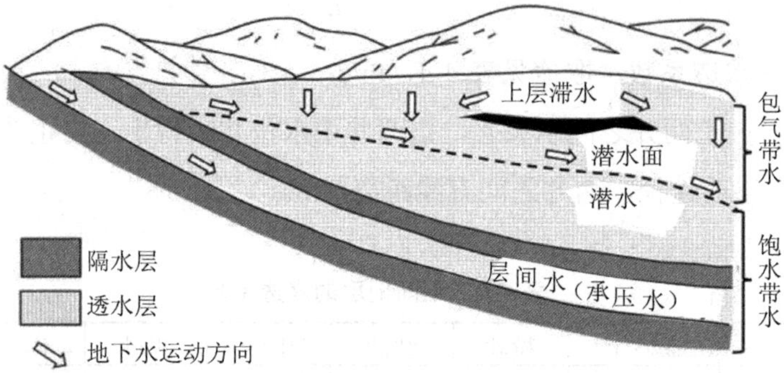

图 4-8　上层滞水、潜水与承压水的赋存特征

同时，采样深度还应结合污染物性质和地层情况的影响，并充分考虑季节性的水位波动设置。污染物性质和含水层的影响一般参考如下原则确定：

（1）污染物性质

当重点监测单元的特征污染物为低密度污染物时，监测井进水口应穿过潜水面以保证能够采集到含水层顶部水样［图 4-9（a）］。

当重点监测单元的特征污染物为高密度污染物时，监测井进水口应设在隔水层之上，含水层的底部或者附近［图 4-9（b）］。

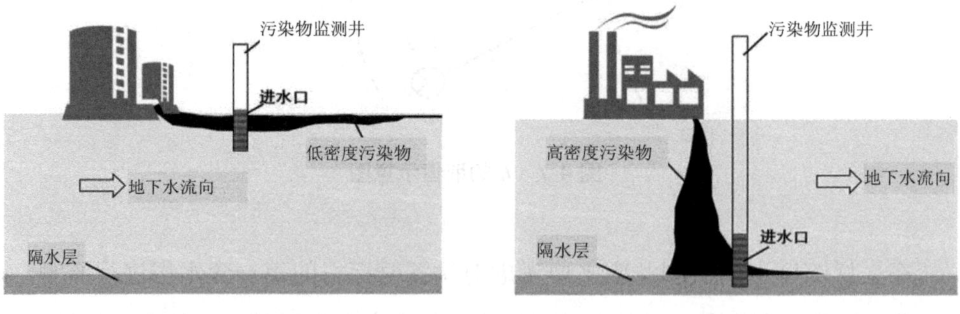

（a）　（b）

图 4-9　基于污染物性质的监测井布设方法示例

如果低密度和高密度污染物同时存在，则设置监测井时应考虑在不同深度采样的需求。

（2）地层情况

地下水监测以调查潜水为主。但在重点场所或重点设施设备识别过程中认为有可能对多个含水层产生污染的情况下，应对所有可能受到污染的含水层进行监测。有可能对多个含水层产生污染的情况常见于但不仅限于：

1）浅层地下水与下部含水层之间的隔水层厚度较薄或已被穿透［图 4-10（a)]。

2）有埋藏深度达到了下部含水层的地下罐槽、管线等设施。

3）浅层地下水与下部含水层之间的隔水层不连续［图 4-10（b)]。

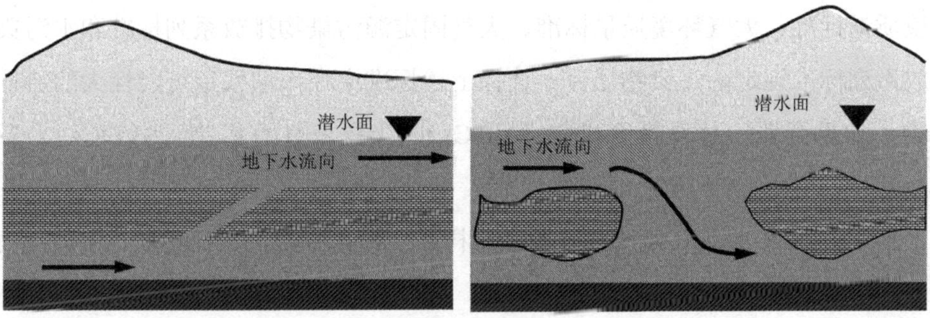

图 4-10　隔水层出现可能导致多个含水层产生污染的情况

4.3　监测指标与频次

4.3.1　监测指标

（1）初次监测

初次监测一般指企业开展的第 1 次自行监测。企业在《土壤和地下水指南》

发布实施之前已对上述指标开展过监测的，视为已完成初次监测。之前已监测部分指标的，应对剩余的指标开展初次监测。

考虑初次监测时，企业对其用地土壤和地下水环境现状并不清楚，原则上初次监测的监测指标至少应包括《土壤环境质量　建设用地土壤污染风险管控标准（试行）》（GB 36600—2018）表 1 基本项目、《地下水质量标准》（GB/T 14848—2017）表 1 常规指标（微生物指标、放射性指标除外）和企业生产涉及的其他关注污染物。

根据《土壤环境质量　建设用地土壤污染风险管控标准（试行）》（GB 36600—2018）的编制原则，该标准已充分考虑并纳入了下列项目：

1）我国已制定实施的环境质量和排放标准规定的项目。梳理我国已发布的水环境质量标准、大气环境质量标准、大气固定源污染物排放系列标准和水污染物排放系列标准规定的污染物项目。选择上述标准中在土壤残留可能性大的特征污染物，如重金属、挥发性有机物（VOCs）、半挥发性有机物（SVOCs）、多环芳烃等。

2）我国污染地块环境调查阶段土壤样品中检出率较高的污染物。根据国内部分地区已开展场地环境调查获得的数据，选择检出率较高的污染物，如重金属、挥发性有机物、半挥发性有机物、多环芳烃、邻苯二甲酸酯类、有机农药类、石油烃等。

3）毒性高、移动性强的污染物。如多氯联苯类、二噁英类、部分多环芳烃、甲基汞等。

4）地方土壤标准普遍关注的污染物。如重金属、挥发性有机物、半挥发性有机物、多环芳烃、邻苯二甲酸酯类、石油烃等。

表 4-5　土壤中初次监测必测的基本项目

检测类别	指标数	检测因子
重金属	7	汞、铜、铅、镉、镍、砷（类金属）、六价铬
VOCs	27	四氯化碳、氯仿、氯甲烷、1,1-二氯乙烷、二氯甲烷、1,2-二氯丙烷、1,1,1,2-四氯乙烷、1,1,2,2-四氯乙烷、四氯乙烯、1,1,2-三氯乙烷、1,2,3-三氯丙烷、苯、1,2-二氯乙烷、1,1-二氯乙烯、顺-1,2-二氯乙烯、反-1,2-二氯乙烯、苯乙烯、甲苯、间二甲苯+对二甲苯、邻二甲苯、1,1,1-三氯乙烷、三氯乙烯、氯乙烯、氯苯、1,2-二氯苯、乙苯、1,4-二氯苯
SVOCs	11	硝基苯、苯胺、2-氯酚、苯并[*a*]芘、苯并[*a*]蒽、苯并[*k*]荧蒽、苯并[*b*]荧蒽、䓛、二苯并[*a,h*]蒽、茚并[1,2,3-*c,d*]芘、萘

表 4-6　地下水中初次监测必测的基本项目

检测类别	指标数	检测因子
地下水感官性状及一般化学指标	20	pH、色、嗅和味、浑浊度、肉眼可见物、总硬度、溶解性总固体、硫酸盐、氯化物、铁、锰、铜、锌、铝、挥发性酚类、阴离子表面活性剂、耗氧量、氨氮、硫化物、钠
毒理学指标	15	亚硝酸盐、硝酸盐、氰化物、氟化物、碘化物、汞、砷、硒、镉、六价铬、铅、三氯甲烷、四氯化碳、苯、甲苯

对于关注污染物的选取上，为便于企业确定关注污染物分析测试项目且与现有相关标准对接，规定企业涉及的所有关注污染物可包括：

1）企业环境影响评价文件及其批复中确定的土壤和地下水污染特征因子。

2）排污许可证等相关管理规定或企业执行的污染物排放（控制）标准中可能对土壤或地下水产生影响的污染物指标。

3）企业生产过程的原辅用料、生产工艺、中间及最终产品中可能对土壤或地下水产生影响的，已纳入有毒有害或优先控制污染物名录的污染物指标或其他有毒污染物指标。

4）上述污染物在土壤或地下水中转化或降解产生的污染物。

5）涉及《地下水环境监测技术规范》（HJ 164—2020）附录 F 中对应行业的特征项目（仅限地下水监测）。

值得指出的是，由于《地下水环境监测技术规范》（HJ 164—2020）附录F涉及的指标较多，很多企业在执行时对是否应当监测《地下水环境监测技术规范》（HJ 164—2020）附录F中对应行业的所有指标存在疑虑。事实上，《地下水环境监测技术规范》（HJ 164—2020）已明确了具体污染源的潜在特征项目应根据实际情况确定，可根据污染源的特征项目的种类对附录F中的指标进行适当增加或删减。

表 4-7　《地下水环境监测技术规范》（HJ 164—2020）附录F中对应行业的特征项目

行业类别	特征项目
石油和天然气开采业	pH、耗氧量、溶解性总固体、硫酸盐、氯化物、氨氮、硫化物、亚硝酸盐、硝酸盐、挥发性酚类、阴离子合成洗涤剂、石油类、石油烃（C_6～C_9）、石油烃（C_{10}～C_{40}）、汞、烷基汞、砷、镉、总铬、六价铬、铅、镍、铜、锌、钒、苯、甲苯、乙苯、二甲苯、苯乙烯、氯苯、邻二氯苯、对二氯苯、三氯苯（总量）、蒽、荧蒽、苯并[*b*]荧蒽、苯并[*a*]芘、萘、总 α 放射性、总 β 放射性
黑色金属矿采选业/有色金属矿采选业	pH、耗氧量、氨氮、硝酸盐、亚硝酸盐、硫化物、氟化物、氰化物、石油类、铁、锰、铜、锌、铝、汞、砷、硒、镉、总铬、六价铬、铅、铍、硼、锑、钡、镍、钴、钼、银、铊、总 α 放射性、总 β 放射性
煤炭及其他非金属矿采选业	pH、耗氧量、石油类、总汞、总铬、六价铬、总镉、总铅、总砷、总锌、总铁、总锰、硫化物、氟化物、总磷、总氮、氨氮、硫酸盐、总 α 放射性、总 β 放射性
纺织业	pH、耗氧量、色度、氨氮、硝酸盐、亚硝酸盐、总磷、镉、铅、铜、锌、镍、汞、砷、六价铬、锑、1,1-二氯乙烯、1,2-二氯乙烯、二氯甲烷、二氯乙烷、三氯甲烷、1,1,1-三氯乙烷、1,1,2-三氯乙烷、四氯化碳、1,2-二氯丙烷、三氯乙烯、四氯乙烯、三溴甲烷、氯乙烯、苯、甲苯、氯苯、乙苯、二甲苯、苯乙烯、邻二氯苯、对二氯苯、三氯苯（总量）、2,4-二硝基甲苯、2,6-二硝基甲苯、苯胺类、可吸附有机卤素
皮革、毛皮、羽毛及其制品和制鞋业	pH、耗氧量、色度、嗅和味、溶解性总固体、硫化物、氨氮、硝酸盐、亚硝酸盐、硫酸盐、总磷、氯化物、总铬、六价铬、总大肠菌群、菌落总数、苯、甲苯、乙苯、二甲苯、二甲基甲酰胺
造纸和纸制品业	pH、色度、耗氧量、嗅和味、溶解性总固体、氨氮、硝酸盐、亚硝酸盐、硫酸盐、氯化物、总磷、1,1-二氯乙烯、1,2-二氯乙烯、二氯甲烷、二氯乙烷、三氯甲烷、1,1,1-三氯乙烷、1,1,2-三氯乙烷、四氯化碳、1,2-二氯丙烷、三氯乙烯、四氯乙烯、氯乙烯、可吸附有机卤素、二噁英类

行业类别	特征项目
石油加工、炼焦和核燃料加工业	pH、耗氧量、挥发性酚类、氨氮、硝酸盐、亚硝酸盐、总磷、氯化物、硫酸盐、硫化物、氟化物、氰化物、钒、铅、砷、镍、汞、烷基汞、镉、六价铬、苯、甲苯、氯苯、乙苯、二甲苯、苯乙烯、邻二氯苯、对二氯苯、三氯苯（总量）、2,4,6-三氯酚、蒽、荧蒽、苯并[b]荧蒽、苯并[a]芘、萘、石油类、石油烃（C_6～C_9）、石油烃（C_{10}～C_{40}）
基础化学原料制造（无机）	pH、耗氧量、挥发性酚类、氨氮、硝酸盐、亚硝酸盐、氯化物、硫酸盐、硫化物、氟化物、氰化物、石油类、铜、锌、锰、钡、钴、钼、锑、砷、汞、镉、铅、六价铬、银、镍、铊、锶、锡、总铬、氯乙烯、总 α 放射性、总 β 放射性
基础化学原料制造（有机）	pH、耗氧量、溶解性总固体、挥发性酚类、阴离子合成洗涤剂、氨氮、硝酸盐、亚硝酸盐、硫酸盐、氯化物、硫化物、氰化物、氟化物、石油类、铁、锰、铜、锌、铝、汞、烷基汞、砷、硒、镉、六价铬、铅、铍、硼、锑、钡、镍、钴、钼、银、铊、钒、1,1-二氯乙烯、1,2-二氯乙烯、二氯甲烷、二氯乙烷、三氯甲烷、1,1,1-三氯乙烷、1,1,2-三氯乙烷、四氯化碳、1,2-二氯丙烷、三氯乙烯、四氯乙烯、三溴甲烷、氯乙烯、苯、甲苯、氯苯、乙苯、二甲苯、苯乙烯、邻二氯苯、对二氯苯、三氯苯（总量）、2,4-二硝基甲苯、2,6-二硝基甲苯、2,4,6-三氯酚、蒽、荧蒽、苯并[b]荧蒽、苯并[a]芘、萘、一氯二溴甲烷、异丙苯、二氯一溴甲烷、多氯联苯、甲醛、乙醛、丙烯醛、五氯丙烷、戊二醛、三氯乙醛、环氧氯丙烷、双酚、β-萘酚、二氯酚、苯甲醚、丙烯腈、氯丁二烯、丙烯酸、六氯丁二烯、二氯乙酸、二溴乙烯、三氯乙酸、环烷酸、黄原酸丁酯、邻二甲苯、邻苯二甲酸二乙酯、邻苯二甲酸二丁酯、邻苯二甲酸二辛酯、二（2-乙基己基）己二酸酯、苯胺类、硝基苯类、丙烯酰胺、水合肼、吡啶、四乙基铅、四氯苯、二噁英类
农药制造	pH、色度、耗氧量、氨氮、亚硝酸盐、硝酸盐、硫酸盐、氯化物、氟化物、氰化物、硫化物、石油类、挥发性酚类、锰、锌、1,1-二氯乙烯、1,2-二氯乙烯、二氯甲烷、二氯乙烷、三氯甲烷、1,1,1-三氯乙烷、1,1,2-三氯乙烷、四氯化碳、1,2-二氯丙烷、三氯乙烯、四氯乙烯、三溴甲烷、氯乙烯、苯、甲苯、氯苯、乙苯、二甲苯、苯乙烯、邻二氯苯、对二氯苯、三氯苯（总量）、2,4-二硝基甲苯、2,6-二硝基甲苯、2,4,6-三氯酚、蒽、荧蒽、苯并[b]荧蒽、苯并[a]芘、萘、滴滴涕（总量）、六氯苯、七氯、2,4-滴、克百威、涕灭威、敌敌畏、甲基对硫磷、乐果、毒死蜱、百菌清、莠去津、草甘膦、六六六（总量）、γ-六六六（林丹）、五氯酚、全盐量、可吸附有机卤素、甲醛、三氯乙醛、氯苯类、硝基苯类、苯胺类、吡啶、*N,N*-二甲基甲酰胺、辛硫磷、丙溴磷、马拉硫磷、二嗪磷、草铵膦、乙酰甲胺磷、三唑磷、异稻瘟净、稻丰散、敌百虫、氧乐果、氯氰菊酯、氯氟氰菊酯、烯丙菊酯、氰戊菊酯、甲氰菊酯、乙撑硫脲、硝磺草酮、2,4-滴酸、2-甲-4-氯酸、磺酰脲类农药（单体）、甲草胺、乙草胺、丁草胺、其他酰胺类农药（单体）、三氯杀螨醇、灭多威、灭多威肟

行业类别	特征项目
涂料、油墨、颜料及类似产品制造	pH、色度、耗氧量、氨氮、硝酸盐、亚硝酸盐、石油类、挥发性酚类、阴离子表面活性剂、氟化物、氰化物、汞、烷基汞、镉、总铬、六价铬、铅、铜、锌、镍、砷、锰、钴、硒、锑、铊、铍、钼、苯、甲苯、乙苯、二甲苯、氯苯、1,1-二氯乙烯、1,2-二氯乙烯、二氯甲烷、二氯乙烷、三氯甲烷、1,1,1-三氯乙烷、1,1,2-三氯乙烷、四氯化碳、1,2-二氯丙烷、三氯乙烯、四氯乙烯、三溴甲烷、氯乙烯、苯乙烯、邻二氯苯、对二氯苯、三氯苯（总量）、2,4-二硝基甲苯、2,6-二硝基甲苯、2,4,6-三氯酚、蒽、荧蒽、苯并[*b*]荧蒽、苯并[*a*]芘、萘、多氯联苯（总量）、苯胺类、甲醛、可吸附有机卤化物
合成材料制造	pH、色度、耗氧量、氨氮、硝酸盐、亚硝酸盐、石油类、挥发性酚类、阴离子表面活性剂、氟化物、氰化物、硫化物、镉、铅、铬、铜、锌、镍、汞、砷、锰、钴、硒、锑、铊、铍、钼、1,1-二氯乙烯、1,2-二氯乙烯、二氯甲烷、二氯乙烷、三氯甲烷、1,1,1-三氯乙烷、1,1,2-三氯乙烷、四氯化碳、1,2-二氯丙烷、三氯乙烯、四氯乙烯、三溴甲烷、氯乙烯、苯、甲苯、氯苯、乙苯、二甲苯、苯乙烯、邻二氯苯、对二氯苯、三氯苯（总量）、2,4-二硝基甲苯、2,6-二硝基甲苯、2,4,6-三氯酚、蒽、荧蒽、苯并[*b*]荧蒽、苯并[*a*]芘、萘
专用化学品制造	pH、色度、耗氧量、氨氮、硝酸盐、亚硝酸盐、氯化物、石油类、挥发性酚类、阴离子表面活性剂、氟化物、氰化物、硫化物、镉、铅、铬、铜、锌、镍、汞、砷、铝、锰、钴、硒、锑、铊、铍、钼、1,1-二氯乙烯、1,2-二氯乙烯、二氯甲烷、二氯乙烷、三氯甲烷、1,1,1-三氯乙烷、1,1,2-三氯乙烷、四氯化碳、1,2-二氯丙烷、三氯乙烯、四氯乙烯、三溴甲烷、氯乙烯、苯、甲苯、乙苯、二甲苯、苯乙烯、氯苯、邻二氯苯、对二氯苯、三氯苯（总量）、2,4-二硝基甲苯、2,6-二硝基甲苯、2,4,6-三氯酚、蒽、荧蒽、苯并[*b*]荧蒽、苯并[*a*]芘、萘、多氯联苯（总量）
炸药、火工及焰火产品制造	pH、色度、耗氧量、氨氮、硝酸盐、亚硝酸盐、硫化物、铅、氰化物、挥发性酚类、2,4-二硝基甲苯、2,6-二硝基甲苯、硫氰化物、铁氰络合物、肼、叠氮化物、硝化甘油、梯恩梯、二硝基甲苯、硝基酚类、硫氰酸
化学药品原料药制造	pH、色度、耗氧量、氨氮、硝酸盐、亚硝酸盐、挥发性酚类、硫化物、氰化物、氟化物、锌、铜、汞、烷基汞、镉、六价铬、砷、铅、镍、1,1-二氯乙烯、1,2-二氯乙烯、二氯甲烷、二氯乙烷、三氯甲烷、1,1,1-三氯乙烷、1,1,2-三氯乙烷、四氯化碳、1,2-二氯丙烷、三氯乙烯、四氯乙烯、三溴甲烷、氯乙烯、苯、甲苯、氯苯、乙苯、二甲苯、苯乙烯、邻二氯苯、对二氯苯、三氯苯（总量）、2,4-二硝基甲苯、2,6-二硝基甲苯、2,4,6-三氯酚、苯胺类
纤维素纤维原料及纤维制造	pH、色度、耗氧量、氨氮、硝酸盐、亚硝酸盐、挥发性酚类、硫化物、氰化物、氟化物、锌、铜、汞、镉、六价铬、砷、铅、1,1-二氯乙烯、1,2-二氯乙烯、二氯甲烷、二氯乙烷、三氯甲烷、1,1,1-三氯乙烷、1,1,2-三氯乙烷、四氯化碳、1,2-二氯丙烷、三氯乙烯、四氯乙烯、三溴甲烷、氯乙烯

行业类别	特征项目
合成纤维制造	pH、色度、耗氧量、氨氮、硝酸盐、亚硝酸盐、石油类、挥发性酚类、硫化物、氰化物、氟化物、氯化物、锌、铜、烷基汞、汞、镉、总铬、六价铬、砷、铅、镍、锰、钴、硒、锑、铊、铍、钼、钒、1,1-二氯乙烯、1,2-二氯乙烯、二氯甲烷、二氯乙烷、三氯甲烷、1,1,1-三氯乙烷、1,1,2-三氯乙烷、四氯化碳、1,2-二氯丙烷、三氯乙烯、四氯乙烯、三溴甲烷、氯乙烯、蒽、荧蒽、苯并[*b*]荧蒽、苯并[*a*]芘、萘、氯苯、邻二氯苯、对二氯苯、三氯苯、四氯苯、苯、甲苯、乙苯、二甲苯、苯乙烯、可吸附有机卤素、一氯二溴甲烷、二氯一溴甲烷、异丙苯、甲醛、乙醛、丙烯醛、五氯丙烷、戊二醛、三氯乙醛、环氧氯丙烷、双酚、*β*-萘酚、二氯酚、2,4,6-三氯酚、苯甲醚、丙烯腈、氯丁二烯、丙烯酸、六氯丁二烯、二氯乙酸、二溴乙烯、三氯乙酸、环烷酸、黄原酸丁酯、邻苯二甲酸二乙酯、邻苯二甲酸二丁酯、邻苯二甲酸二辛酯、二（2-乙基己基）己二酸酯、苯胺类、硝基苯类、丙烯酰胺、水合肼、吡啶、四乙基铅、二噁英类、异丙醇、丙酮、硫氰化物、聚乙烯醇、己内酰胺、乙二醇、乙二胺、己二酸、二甲基乙酰胺、二甲基甲酰胺
黑色金属冶炼和压延加工	pH、色度、耗氧量、氨氮、硝酸盐、亚硝酸盐、挥发性酚类、硫化物、氰化物、氟化物、锌、铜、汞、镉、总铬、六价铬、砷、铅、镍、锰、钴、硒、锑、铊、铍、钼、铝、蒽、荧蒽、苯并[*b*]荧蒽、苯并[*a*]芘、萘、石油类
有色金属冶炼和压延加工业	pH、耗氧量、氨氮、硝酸盐、亚硝酸盐、挥发性酚类、硫化物、氰化物、氟化物、锌、铜、汞、镉、六价铬、砷、铅、镍、锰、钴、硒、锑、铊、铍、钼、铝、蒽、荧蒽、苯并[*b*]荧蒽、苯并[*a*]芘、萘、石油类、总 α 放射性、总 β 放射性
金属表面处理及热处理加工	pH、耗氧量、氨氮、硝酸盐、亚硝酸盐、总磷、氟化物、氰化物、石油类、挥发性酚类、阴离子表面活性剂、六价铬、镍、镉、银、铅、汞、铜、锌、铁、铝、锰、砷、硒、铍、硼、锑、钡、钴、钼、铊、1,1-二氯乙烯、1,2-二氯乙烯、二氯甲烷、二氯乙烷、三氯甲烷、1,1,1-三氯乙烷、1,1,2-三氯乙烷、四氯化碳、1,2-二氯丙烷、三氯乙烯、四氯乙烯、氯乙烯、苯、甲苯、乙苯、二甲苯
电池制造	pH、耗氧量、氨氮、硝酸盐、亚硝酸盐、氯化物、氟化物、氰化物、石油类、挥发性酚类、阴离子表面活性剂、镍、镉、六价铬、银、铅、汞、铜、锌、铁、铝、锰、砷、硒、铍、硼、锑、钡、钴、钼、铊
环境治理业（危废、医废处置）	pH、耗氧量、溶解性总固体、氯化物、硝酸盐、亚硝酸盐、氨氮、总磷、氟化物、氰化物、挥发性酚类、烷基汞、汞、铅、镉、总铬、六价铬、铜、锌、铍、钡、镍、砷、总大肠菌群、菌落总数、三氯甲烷、四氯化碳、苯、甲苯
环境卫生管理（生活垃圾处置）	pH、总硬度、溶解性总固体、耗氧量、氨氮、硝酸盐、亚硝酸盐、硫酸盐、氯化物、挥发性酚类、氟化物、氰化物、砷、汞、六价铬、铅、镉、铁、锰、铜、锌、铍、钡、镍、总铬、硒、总大肠菌群、菌落总数

行业类别	特征项目
一般工业固体废物贮存、处置场	pH、耗氧量、色度、总硬度、溶解性总固体、阴离子合成洗涤剂、挥发性酚类、氨氮、亚硝酸盐、硝酸盐、硫化物、硫酸盐、氯化物、氟化物、碘化物、铁、锰、铜、锌、铝、汞、砷、硒、镉、六价铬、铅、氰化物、三氯甲烷、四氯化碳、苯、甲苯、乙苯、二甲苯、总大肠菌群、菌落总数
农业污染源（再生水农用区）	pH、耗氧量、挥发性酚类、阴离子表面活性剂、溶解性总固体、氯化物、硫化物、石油类、汞、镉、砷、六价铬、铅、铍、钴、铜、氟化物、铁、锰、钼、镍、硒、锌、硼、氰化物、六氯苯、氯苯、七氯、2,4-滴、克百威、涕灭威、敌敌畏、甲基对硫磷、乐果、毒死蜱、百菌清、莠去津、草甘膦、滴滴涕（总量）、六六六（总量）、γ-六六六（林丹）、五氯酚、三氯乙醛、丙烯醛、甲醛、总大肠菌群、菌落总数
农业污染源（规模化畜禽养殖场）	pH、耗氧量、溶解性总固体、挥发性酚类、阴离子表面活性剂、氯化物、硫化物、石油类、汞、镉、砷、六价铬、铅、总大肠菌群、菌落总数
石油生产销售区	pH、耗氧量、氨氮、硝酸盐、亚硝酸盐、硫酸盐、挥发性酚类、石油类、石油烃（C_6～C_9）、石油烃（C_{10}～C_{40}）、硫化物、铅、砷、镍、汞、苯、甲苯、乙苯、二甲苯（总量）、总氰化物、甲基叔丁基醚（MTBE）、苯并[*a*]芘
高尔夫球场	pH、耗氧量、溶解性总固体、挥发性酚类、阴离子表面活性剂、氯化物、硫化物、氰化物、石油类、铁、锰、汞、镉、砷、六价铬、铅、滴滴涕（总量）、六氯苯、七氯、2,4-滴、克百威、涕灭威、敌敌畏、甲基对硫磷、乐果、毒死蜱、百菌清、莠去津、草甘膦、六六六（总量）、γ-六六六（林丹）、五氯酚、总大肠菌群、菌落总数

注：具体污染源的潜在特征项目应根据实际情况确定。

（2）后续监测

同一企业内的不同场所或设施设备，由于生产工艺或使用功能不同，其产生和排放的关注污染物也不尽相同。若企业重点单元中重点场所及重点设施设备通过渗漏、流失、扬散等途径导致土壤或地下水污染，则其涉及的关注污染物应在该重点单元对应的土壤或地下水的监测结果中有所体现，故考虑到可行性、方便性及经济性的原则，本标准规定企业后续监测仅测定该重点单元涉及的所有关注污染物及前期监测中超标的污染物项目。表 4-8 给出了某企业通过初次监测结果确定后续监测指标的示例。

表 4-8　企业根据初次监测结果确定后续监测指标的示例

单元	特征污染物	土壤初次监测指标	地下水初次监测指标	初次监测结果	土壤后续监测指标	地下水后续监测指标
重点单元 1	苯、甲苯、石油烃	《土壤环境质量 建设用地土壤污染风险管控标准（试行）》（GB 36600—2018）表 1 基本项目+锰+石油烃	《地下水质量标准》（GB/T 14848—2017）表 1 常规指标（微生物指标、放射性指标除外）+1,1,1-三氯乙烷+石油烃	土壤铅超标，地下水所有指标均未超标	铅、苯、甲苯、石油烃	铅、苯、甲苯、石油烃
重点单元 2	铅、六价铬、锰、石油烃			土壤均未超标，地下水锰、甲苯超标	铅、六价铬、锰、甲苯、石油烃	铅、六价铬、锰、甲苯、石油烃
重点单元 3	1,1,1-三氯乙烷、石油烃			均未超标	1,1,1-三氯乙烷、石油烃	1,1,1-三氯乙烷、石油烃

4.3.2　监测频次

“土十条”中要求“列入重点监管单位名单的企业每年要自行对其用地进行土壤环境监测”。从及时发现污染，降低风险的目的出发，监测频次越高越好。但是过高的监测频次会给企业带来负担，故立足“上十条”的要求，结合企业土壤和地下水污染风险和监测能力。企业各监测对象设置监测频次见表 4-9。

表 4-9　自行监测的最低频次

监测对象		监测频次
土壤	表层土壤	年
	深层土壤	3 年
地下水	一类单元	半年（季度 [a]）
	二类单元	年（半年 [a]）

注：1. 初次监测应包括所有监测对象。

2. 应选取每年中相对固定的时间段采样。地下水流向可能发生季节性变化的区域应选取每年中地下水流向不同的时间段分别采样。

a 适用于周边 1 km 范围内存在地下水环境敏感区的企业。地下水环境敏感区定义参见《环境影响评价技术导则　地下水环境》（HJ 610—2016）。

周边 1 km 范围内存在地下水环境保护目标的企业应执行地下水加密监测频次。根据《环境影响评价技术导则　地下水环境》（HJ 610—2016）所述，地下水敏感区包括集中式饮用水水源（包括已建成的在用、备用、应急水源，在建和规划的饮用水水源）准保护区；除集中式饮用水水源以外的国家或地方政府设定的与地下水环境相关的其他保护区，如热水、矿泉水、温泉等特殊地下水资源保护区。

4.4　监测方案变更

为保证监测点位与监测指标的连续性和可比性，除下列情况外，监测方案不宜随意变更：

1）国家相关法律法规或标准发生变化；

2）企业的重点场所或重点设施设备位置、功能、生产工艺等发生变动；

3）企业在原有基础上增加监测点位、监测指标或监测频次。

符合上述要求，确实应变更监测方案的，应在监测报告中说明原因。

第 5 章　样品采集、保存、流转、制备与分析

监测设施的建设及样品的规范化采集是监测活动开展的重要基础，相关流程的规范性直接影响监测数据质量。土壤和地下水的自行监测涉及不同的环境介质，需分析测试的监测指标也较为繁多，不同的指标涉及不同的监测和采样方法。本章立足现有的标准规范，结合企业土壤和地下水实际监测能力，对样品采集、保存、流转、制备与分析的要求进行全面梳理和总结，供开展监测的相关人员参考。

5.1　土壤样品采集

5.1.1　采样要求

（1）表层土壤样品的采集

表层土样的采样要求如下：

①表层土采样可使用手工采样或螺旋钻采样。

②手工采样应先用铁锹、铲子和泥铲等工具将地表物质去除，并挖掘到指定深度，然后用采样铲进行样品采集。

③螺旋钻采样应先钻孔达到所需深度后，获得一定高度的土柱，然后用不锈钢或塑料铲子去除土柱外围的土壤，获取土芯作为土壤样品。

④采集土壤样品时，应把表层硬化地面和一些大的砾石、树枝剔除。

（2）深层土壤样品的采集

深层土壤样品采集的技术要求如下：

①深层土壤样品的采集应首先通过钻探获取非扰动岩芯，再从非扰动岩芯中将采样位置的土壤样品转移至样品瓶内。

②应结合地块的地层结构、现场作业条件和采样要求选择适用的钻探技术。

5.1.2 采样工具

土壤采样的工具应根据土壤样品检测项目进行选择，常见的采样工具见图 5-1。不锈钢铲或表面镀特氟龙膜的采样铲可用于检测非挥发性和半挥发性有机物（SVOCs）土壤样品采集，塑料铲或竹铲可用于检测重金属土壤样品采集，非扰动采样器用于检测 VOCs 土壤样品采集，不应使用铬合金或其他相似质地的工具进行土壤采样。

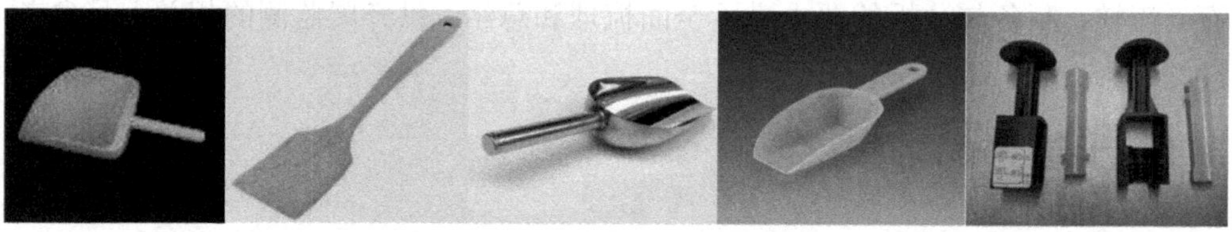

（从左至右：特氟龙铲、竹铲、不锈钢铲、塑料铲、非扰动采样器）

图 5-1 可用于土壤采样的常见工具

5.1.3 钻探方法

表层和浅层土壤样品可采用人工操作的手工钻取样，手工钻采样设备及操作示意图见图 5-2，手工钻最大钻进深度一般不超过 1 m。适用于松散的人工堆积层和第四纪沉积的粉土、黏性土地层，该方法受地层的坚硬程度和人为因素影响较大，当有碎石等障碍物存在时，则很难继续钻进。

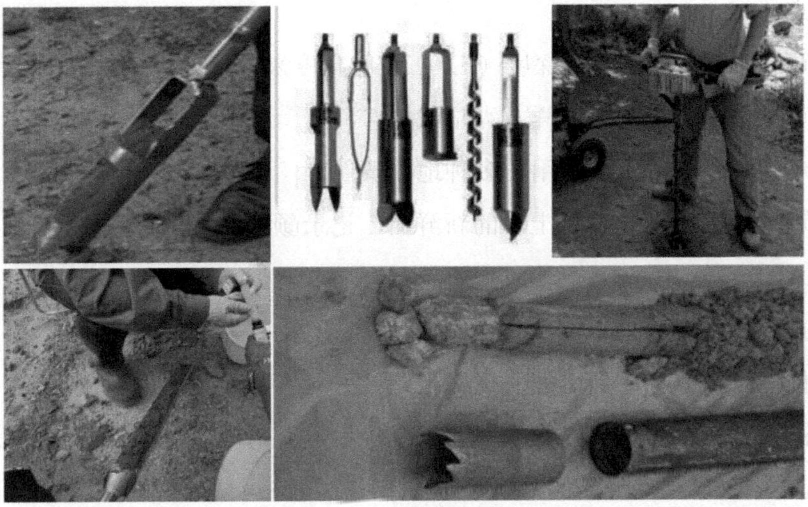

图 5-2　手工钻采样设备及操作示意图

深层土壤一般需要采用钻机采样，需要选择适用的钻探技术，常见的钻探方法包括探坑法、冲击钻探法、液压动力锤干式旋转冲击钻探法、液压直推式钻探法等。

（1）探坑法

采用人工挖掘（深度一般不超过 1.2 m，除非有足够安全的支护措施）或采用轮式/履带式的挖掘机（最大深度约为 4.5 m），探坑法采样示意图见图 5-3。

图 5-3　探坑法采样示意图

优点：

①可从平面（*x*，*y*）和深度（*d*）三维的角度来描述地层条件。

②可采集未经扰动的试样及大量试样。

③成效快且造价低，适用于多种地面条件。

④通过挖掘可以观察到土壤的新鲜面，记录颜色和岩性等基本信息，可以给开挖出来的土样拍照，并记录照片信息。

缺点：

①挖掘深度会受挖掘机械的规格限制。

②污染物存在和运移的媒介暴露于空气中，会造成污染物变质及挥发性物质的挥发。

③不适合在地下水位以下取样。

④对地块的破坏程度较大，需要特别注意，防止挖掘出来的污染土壤再次污染周围区域的土壤，因此挖出的污染土壤需要进行处理，减少污染物质暴露带来的二次污染。

⑤与钻孔勘探方法相比，这种方法产生的弃土较多。

⑥污染物更易于传播到空气或水体当中，并需要回填清洁材料（以达到地面恢复目的）。

（2）冲击钻探法

冲击钻探法包括钢索冲击钻探法与潜孔锤冲击钻探法，常见的冲击钻探法采样示意图见图 5-4。钢索冲击钻探法一般利用曲柄摇杆机构或卷扬机提升悬吊在钢丝绳下端的钻具至一定高度，然后在重力作用下下落，对孔底产生冲击，破碎岩层以获取岩芯。潜孔锤冲击钻探法用潜孔锤（风动冲击器）配合钻机和相应的钻具进行冲击回转钻进。潜孔锤接在钻杆的最下端，钻机带动钻杆回转，压缩空气（简称压风）通过钻杆进入潜孔锤产生一定频率的冲击力，对岩石进行破碎，同时利用排出的废气对锤头（钻头）进行冷却，并将凿下的岩屑排出孔外。钢索冲击钻探法很难钻透砂卵石层，潜孔锤冲击钻探法较适用于砂卵石层。

（左为钢索冲击钻探，右为潜孔锤冲击钻探）

图 5-4　冲击钻探法采样示意图

优点：

①与探坑或手工钻探法相比，此种方法能够达到的钻进深度更深。

②可穿透多种地层。

③对健康安全和地面环境的负面影响较小。

④可以采集未经扰动的完整试样，包括污染物分析试样、岩土工程勘察试样、气体/地下水试样。

⑤可用于地下水和地下气体监测井建井，适用于建成永久的取水样/水位监测井。

缺点：

①与探坑或手工钻探法相比，此种方法成本高、耗时长。

②不如探坑法获得地层的感性认识直观，没有探坑法采集的试样体积大。

③需要处置从钻孔中钻探出来的废弃物。

（3）液压动力锤干式旋转冲击钻探法

旋转冲击钻探是指用旋转和冲击两种方式同时破碎岩石的钻探方法。这种方法是在回转的钻杆柱下端和取心钻具之间装上一个潜孔冲击器，使冲击脉冲、轴向钻头压力和钻杆回转扭矩同时作用于钻头上，实现钻进与采取岩芯。液压动力锤干式旋转冲击钻探法采样示意图见图 5-5。

图 5-5 液压动力锤干式旋转冲击钻探法采样示意图

优点：

①干式旋转冲击钻进技术适用于多种岩性的地层，包括岩层。

②冲击与旋转钻进相结合可以减小土芯热效应的影响。

③可以获得长度大于 1 m 的原状岩芯样。

④如果土层中不含卵石，也可以使用空心螺旋钻杆和劈式勺钻取样器。

缺点：

①干式旋转钻进会产生土芯热效应。

②干式钻进对钻头的磨损比较大，由此产生的成本相对较高。

（4）液压直推式钻探法

液压直推式钻探是指通过油缸液压的下压力对动力头进行施压，使动力头向下钻进获取岩芯的钻探方法，适用于均质地层。液压直推式钻探法采样示意图见图 5-6。

图 5-6　液压直推式钻探法采样示意图

优点：

①钻进过程无需添加水或泥浆等冲洗介质。

②可采集原状土芯，适用于挥发性有机物土壤样品采集。

缺点：

①对操作人员技术要求较高。

②不可用于坚硬岩层、卵石层和流砂地层。

③典型钻孔直径为 3.5～7.5 cm，对于建设地下水采样井的钻孔需进行扩孔。

5.1.4　采样技术要点

（1）理化指标和无机物采样技术要点

采集检测重金属的土壤样品时，应用木铲、竹片或竹刀刮去与金属采样器接触的土壤，再用木铲采集样品。样品可保存在自封聚乙烯袋或洁净的玻璃瓶中。

（2）非挥发性和半挥发性有机物采样技术要点

非挥发性和半挥发性有机物样品应保存在洁净、避光的玻璃瓶中，用自封聚乙烯袋封装后放入低温冷藏箱储存（温度≤4℃）。非挥发性和半挥发性有机物土壤采样操作示意见图 5-7。

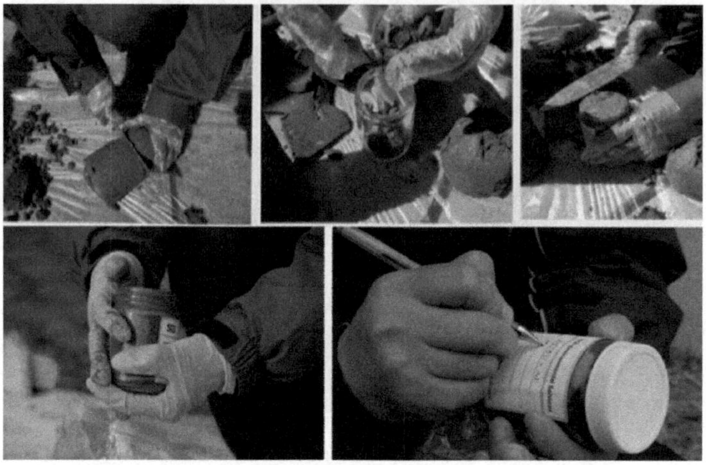

图 5-7　非挥发性和半挥发性有机物土壤采样操作

（3）挥发性有机物（VOCs）土壤采样技术要点

用于检测 VOCs 的土壤样品应单独采集，不允许对样品进行均质化处理，也不得采集混合样。VOCs 土壤采样操作示意见图 5-8。

图 5-8　VOCs 土壤采样操作

取土器将柱状的钻探岩芯取出后，先采集用于检测 VOCs 的土壤样品，具体流程和要求如下：用刮刀剔除 1～2 cm 表层土壤，在新的土壤切面处快速采集样品。针对检测 VOCs 的土壤样品，应用非扰动采样器采集不少于 5 g 原状岩芯的土壤样品推入加有 10 mL 甲醇（色谱级或农残级）保护剂的 40 mL 棕色样品瓶内，推入时将样品瓶略微倾斜，防止将保护剂溅出。样品瓶密封后单独装入自封聚乙烯袋中，放入低温冷藏箱储存（温度≤4℃）。

（4）平行样采集技术要点

土壤平行样不少于地块总样品数的 10%，每个地块至少采集 1 份。每份平行样品需要采集 2 个。

平行样在土样同一位置采集，两者检测项目和检测方法需要一致，在采样记录单中标注平行样编号及对应的土壤样品编号。

（5）采样质控技术要点

样品采集过程中应及时剔除石块、草根等杂质。使用玻璃瓶保存样品时，样品尽量充满整个空间，采样过程应保持采样瓶口螺纹清洁。

土壤样品采集过程应针对采样工具、采集位置、土壤装样过程、样品容器编号、现场检测仪器使用等关键信息拍照记录，每个关键信息至少保留 1 张照片，以备质量控制。

（6）其他技术要点

土壤采样过程中应做好人员安全和健康防护，佩戴安全帽和一次性口罩、手套，严禁用手直接采集土样，使用后废弃的个人防护用品应统一收集处置；采样前后应对采样器进行除污和清洗，不同土壤样品采集应更换手套，避免交叉污染；采样过程应填写土壤采样记录单，格式参见附录 2-3。

对未计划建设地下水监测井的深层土壤采样孔，钻探采样结束后应立即采用清洁颗粒膨润土回填并加水膨胀以进行封孔，必要时可采用注入清洁泥浆的工艺进行封孔，防止二次污染。

5.1.5 快速筛查设备在现场采样中的应用

在采样时，可使用便携式光离子化检测仪（PID）、便携式火焰离子化检测仪（FID）、X 射线荧光光谱仪（XRF）等现场快速筛查设备，在合理范围内调整土壤采样点位置，采集土壤污染物浓度较高的样品。

（1）便携式光离子化检测仪（PID）

光离子化检测器主要用于挥发性有机物（VOCs）的快速筛查，使用具有特定电离能的真空紫外灯产生紫外光，在电离室内对气体分子进行轰击，把气体中含有的有机物分子电离击碎成带正电的离子和带负电的电子，在极化极板的电场作用下，离子和电子向极板撞击，从而形成可被检测到微弱的离子电流。这些离子电流信号被高灵敏度微电流放大器放大后，一方面经数据采集卡采样后直接送入计算机的 COM 口，通过色谱分析平台对测量结果进行分析和处理。PID 的响应情况受有机化合物中不同结构的官能团影响。

（2）便携式火焰离子化检测仪（FID）

火焰离子化检测仪主要用于挥发性有机物的快速筛查，以氢气和空气燃烧生成的火焰为能源，当有机化合物进入以氢气和氧气燃烧的火焰，在高温下产生化学电离，电离产生比基流高几个数量级的离子，在高压电场的定向作用下，形成离子流，微弱的离子流（10^{-12}～10^{-8} A）经过高阻（10^{6}～10^{11} Ω）放大，成为与进入火焰的有机化合物的量成正比的电信号，因此可以根据信号的大小对有机物进行定量分析。FID 响应情况主要受有机化合物碳链长度的影响。

PID 和 FID 的适用情况比较见表 5-1，PID 和 FID 的外观示例见图 5-9。

表 5-1 便携式光离子化检测仪和火焰离子化检测仪的比较

仪器名称	便携式光离子化检测仪（PID）	便携式火焰离子化检测仪（FID）
离子化方式	使用紫外灯光离子化土壤中挥发出的 VOCs	使用氢气燃烧产生的火焰离子化土壤中挥发出的 VOCs

仪器名称	便携式光离子化检测仪（PID）	便携式火焰离子化检测仪（FID）
对目标化合物的检测灵敏度排序	芳烃＞烯烃、酮类、醚类、胺类＞酯类、醛类、醇类、脂肪烃＞氯代脂肪烃、乙烷＞甲烷（无响应）	芳烃、长链烃＞短链烃＞卤代烃
检测范围（体积分数）	5×10^{-9}～1×10^{-2}	1×10^{-6}～5×10^{-2}
样品湿度对读数的影响	湿度大易引起读数轻微下降	基本无影响
惰性气体环境对读数的影响	无影响或引起读数轻微上升	不能够燃烧
操作性	体积小，重量轻，操作简单；一般需定期更换紫外灯和感应器	体积较大，较重，操作较复杂；运输和使用过程中的安全要求更高

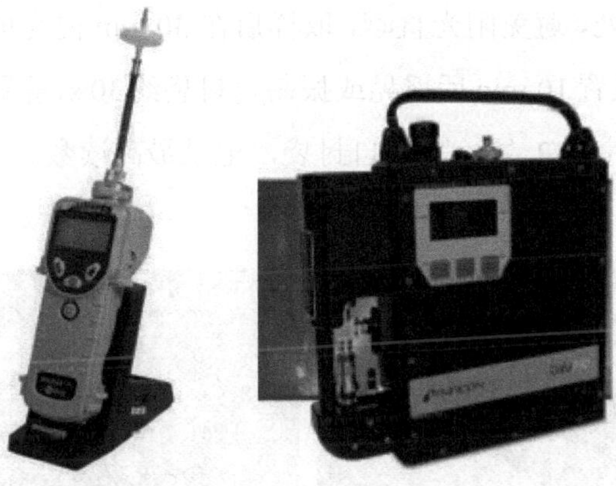

（左为 PID，右为 FID）

图 5-9 常见的 VOCs 土壤快速筛查设备

（3）X 射线荧光光谱仪（XRF）

X 射线荧光光谱仪主要用于重金属的快速筛查，XRF 的外观示例见图 5-10。用 X 射线或其他激发源照射待分析样品，样品中的元素内层电子被击出后，造成核外电子的跃迁，在被激发的电子返回基态时，会放射出特征 X 射线；不同的元素会放射出各自的特征 X 射线，具有不同的能量或波长特性。检测器接收这些 X 射线，仪器软件系统将其转为对应的信号。

图 5-10　常见的重金属土壤快速筛查设备（XRF）

现场快速检测土壤中 VOCs 时，用采样铲在 VOCs 取样相同位置采集土壤置于聚乙烯自封袋中，自封袋中土壤样品体积应占 1/2～2/3 的自封袋体积，取样后，自封袋应置于背光处，避免阳光直晒，取样后在 30 min 内完成快速检测。检测时，将土样尽量揉碎，放置 10 min 后摇晃或振荡自封袋约 30 s，静置 2 min 后将 PID/FID 探头放入自封袋顶空 1/2 处，紧闭自封袋，记录最高读数。土壤快速筛查现场操作示例见图 5-11。

（左为 PID，右为 XRF）

图 5-11　土壤快速筛查现场操作示例

现场快速检测土壤中重金属时，将 XRF 开机预热 15～30 min；建议待检测样品水分含量小于 20%；清理土壤表面石块、杂物；土壤表面应尽量平坦，以保证检测端与土壤表面有充分接触，此外建议压实土壤以增加土壤的紧密度，且土壤样品厚度至少达到 1 cm，从而得到较好的重复性和代表性。检测时间通常为 30～120 s，具体时间参照仪器说明书。

5.2　地下水样品采集

5.2.1　采样要求

在产企业的地下水一般采集潜水层样品。采样程序包括但不限于测量水位、洗井、现场监测、采样等。应根据水文地质条件、井管尺寸、现场采样条件等，选择低速采样、贝勒管采样或低渗透性含水层采样等方法进行地下水采样。

5.2.2　采样工具

水位测定设备：用于监测井中水位的测定，常用的现场水位测定设备为钢尺水位计见图 5-12，可根据地下水埋深选择不同量程。

图 5-12　钢尺水位计

采样设备：常见的地下水采样设备见图 5-13，分为机械采样设备和人工采样设备，机械采样设备包括地下水气囊泵或专用不锈钢潜水泵等。配有聚四氟乙烯材质或具有聚四氟乙烯内衬的聚乙烯材质输水管线，管线的内径为 0.5～1 cm。人工采样设备包括单阀门贝勒管或双阀门贝勒管。聚四氟乙烯、不锈钢或聚乙烯材质，聚乙烯材质的贝勒管为一次性使用。贝勒管外径应小于井管内径的 3/4，配流速调节阀。

（从左至右：气囊泵、变频式潜水泵、贝勒管）

图 5-13　常见的地下水采样设备

现场快速便携式监测设备：常见的现场快速便携式监测设备见图 5-14，包括便携式 pH 计（精度为 0.1，附有温度补偿装置）、便携式氧化还原电位测定仪（精度为 1 mV）、便携式溶解氧仪（精度为 0.1 mg/L）、便携式电导率测定仪（精度为 0.01 μS/cm，附有温度补偿装置）、便携式水温计（精度为 0.1℃）、便携式浊度测定仪（精度为 1 NTU）、便携式余氯测定仪（精度为 0.001 mg/L）等。

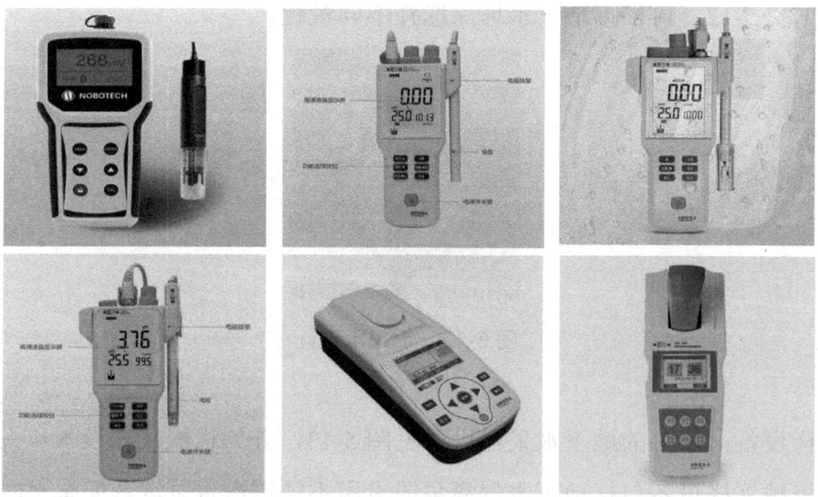

（上排从左至右：氧化还原电位仪、溶解氧仪、电导率仪；

下排从左至右：pH 计、浊度测定仪、余氯测定仪）

图 5-14　常见的现场快速便携式监测设备

5.2.3　采样技术要点

一般情况下，应优先选择气囊泵、变频式潜水泵等机械采样设备进行采样，水位浅或内径较小的监测井可选择贝勒管等人工采样设备进行采样。

使用机械采样设备进行采样前，应缓慢将地下水机械采样设备、输水管线、电缆等放入监测井内，尽量减少对水体的扰动，一般应放于筛管中部或偏上位置。尽量减少地面部分管线的长度，以避免周边环境对水样的影响。在水泵安装完成后，需采用水位测定设备测量水位。

若洗井过程中发现水面有浮油类物质，需要在采样记录单里注明。

（1）采样前洗井技术要点

地下水采样前应进行洗井，采样洗井与 3.2.1 所述成井洗井是两个不同的程序，采样前洗井应至少在成井洗井 48 h 后开始。

使用机械采样设备进行采样前洗井时，首先启动水泵，选择较低速率并缓慢增加，直至出水；而后调整泵的抽提速率至水位无明显下降或不下降，流速应控制在 100～500 mL/min，水位降深不超过 10 cm；抽水开始后使用现场快速便携式监测设备，每间隔约 5 min 后测定输水管线出口的出水水质，直至至少 3 项检测指标连续三次测定的变化达到稳定标准，如洗井 4 h 后出水水质未能达到稳定标准，可采用贝勒管等人工采样方法进行采样。

稳定标准：

①pH 变化范围为±0.1；

②温度变化范围为±0.5℃；

③电导率变化范围为±10%；

④氧化还原电位变化范围为±10 mV 或在±10%以内；

⑤溶解氧变化范围为±0.3 mg/L 或在±10%以内；

⑥浊度≤10 NTU 或在±10%以内。

使用人工采样设备进行采样前洗井时，应将贝勒管缓慢放入井内，直至完全浸入水体中，之后缓慢、匀速地提出井管，将贝勒管中的水样倒入水桶，估算洗井水量，直至达到 3 倍井体积的水量；而后现场使用便携式水质测定仪每间隔 5～15 min 测定出水水质，直至至少 3 项检测指标连续三次测定的变化达到稳定标准。如洗井水量在 3～5 倍井体积之间，水质指标不能达到稳定标准，应继续洗井；如洗井水量达到 5 倍井体积后水质指标仍不能达到稳定标准，可结束洗井，并根据地下水含水层特性、监测井建设过程以及建井材料性状等实际情况判断是否进行样品采集。

（2）样品采集技术要点

使用机械采样设备进行采样时，地下水样品采集应在 2 h 内完成，优先采集用于测定挥发性有机物的地下水样品；采样前按照相关水质环境监测分析方法标准的规定，预先在地下水样品瓶中添加盐酸溶液和抗坏血酸；采样时控制出水流速一般不超过 100 mL/min；当实际情况不满足前述条件时可适当增加出水流速，但最高不得超过 500 mL/min；应当尽可能降低出水流速；从输水管线的出口直接采集水样，使水样流入地下水样品瓶中，注意避免冲击产生气泡；水样应在地下水样品瓶中过量溢出，形成凸面，拧紧瓶盖，颠倒地下水样品瓶，观察数秒，确保瓶内无气泡，如有气泡应重新采样。地下水形成凸面及样品封装的示意图见图 5-15、图 5-16。

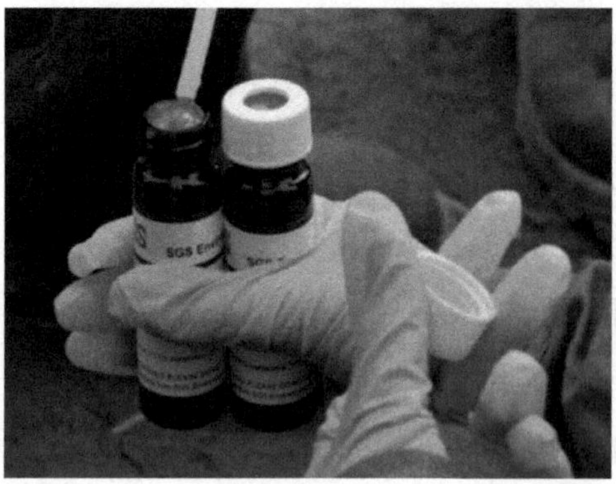

图 5-15　水样在瓶口形成向上凸面的示意图

图 5-16　地下水采样及封装过程示意图

使用人工采样设备进行采样时，将用于采样洗井的同一贝勒管缓慢、匀速地放入筛管附近位置，待充满水后缓慢、匀速地提出，过程中避免贝勒管碰触井壁。采集贝勒管内中段水样，使用流速调节阀使水样缓慢流入地下水样品瓶中，避免冲击产生气泡，一般不超过 100 mL/min；将水样在地下水样品瓶中过量溢出，形成凸面，拧紧瓶盖，颠倒地下水样品瓶，观察数秒，确保瓶内无气泡，如有气泡应重新采样。

地下水装入样品瓶后，在样品瓶上记录采样点位及相关信息。

（3）平行样采集技术要点

地下水平行样采集要求：地下水平行样应不少于调查地块总样品数的 10%，每个调查地块至少采集 1 份。

使用非一次性的地下水采样设备，在采样前后须对采样设备进行清洗，清洗过程中产生的废水应集中收集处置。采用柴油发电机为地下水采集设备提供动力时，应将柴油机放置于采样井下风向较远的位置。

（4）采样质控技术要点

地下水样品采集过程应对洗井、装样（用于 VOCs、SVOCs 和地下水水质监测的样品瓶）以及采样过程中现场快速监测等环节进行拍照记录，每个环节至少保留 1 张照片，以备质量控制。

（5）其他技术要点

地下水采样过程中应做好人员安全和健康防护，佩戴安全帽和一次性的个人防护用品（口罩、手套等），废弃的个人防护用品等垃圾应集中收集处置采样过程应填写地下水采样记录单，格式参见附录 2-4。

5.3 样品保存、流转、制备

5.3.1 样品保存

土壤及地下水样品装入样品瓶后，在样品瓶原有标签上手写样品编码和采样日期，字迹清晰可辨。样品瓶应用泡沫塑料袋包裹，并立即放入现场装有冷冻蓝冰的样品箱内保存。

样品保存方式根据土壤样品分析项目不同而不同，对无机物通常用塑料瓶或玻璃瓶收集样品，挥发性和半挥发性有机物应使用具有聚四氟乙烯密封垫的直口螺口瓶收集样品。一般参考原则如下：

地下水样品的保存、样品运输和质量保证等环节，总体上应满足《地下水环境监测技术规范》（HJ 164—2020）和《地块土壤和地下水中挥发性有机物采样技术导则》（HJ 1019—2019）中的要求。

①用于测定 VOCs 的水样用带塑料螺纹盖的 40 mL 小玻璃瓶（VOAvail）取样，加 HCl 至 pH＜2 使其稳定。在测试 VOCs 水样的取样小瓶中不允许存在顶空或者是大于 6 mm 的空隙。

②用于测定总烃、杀虫剂、多环芳烃的水样用带塑料螺纹盖的棕色玻璃瓶保存，水样也必须注满容器，上部不留空隙。

③用于测定可溶解的金属物质的水样在野外取样后需先过滤再将其装入 200 mL 的聚乙烯容器内，加 HNO_3 至 pH＜2 使其稳定。用于测定总金属含量的水样不需要过滤，也不用加稳定剂。

④用于测定氰化物的水样应存放于 250 mL 的聚乙烯容器中，加 NaOH 至 pH＞12 使其稳定。

⑤用于测定其他水质指标的水样，应按相应要求采用符合要求的方式进行样品保存。

挥发性有机物污染的土壤样品和恶臭污染土壤的样品应采用密封性的采样瓶封装，样品应充满容器整个空间；含易分解有机物的待测定样品，可采取适当的封闭措施（如甲醇或水液封等方式保存于采样瓶中）。样品应置于 4℃以下的低温环境（如冰箱）中运输、保存，避免运输、保存过程中的挥发损失，送至实验室后应尽快分析测试。

挥发性有机物浓度较高的样品装瓶后应密封在塑料袋中，避免交叉污染，应通过运输空白样来控制运输和保存过程中交叉污染情况。

自行监测工作常见测试指标对应的土壤和地下水样品保存容器、技术、样品体积及保存时间的要求可参考表 5-2。

表 5-2　常见的指标对应容器、保存技术、样品体积以及保存时间的要求

监测项目		容器[a]	保存条件	样品最小体积或重量	最大保留时间
金属	六价铬	P，G，T	4℃低温保存	500 mL（水） 120 g（土壤[b]）	24 h（水）；萃取前 30 d，萃取后 4 d（土壤）
	汞	P，G，T	水中加 1%的 HCl，如水样为中性，1 L 水样中加浓 HCl 10 mL；土壤加 HNO_3 使 pH＜2，4℃低温保存	250 mL（水） 120 g（土壤）	14 d（水） 28 d（土壤）
	其他金属（除六价铬和汞）	P，G，T	加 HNO_3 使 pH＜2，4℃低温保存	500 mL（水） 120 g（土壤）	180 d（水和土壤）
有机化合物	总石油烃（TPH）（可挥发）	G，聚四氟乙烯薄膜密封瓶盖	4℃低温保存，加 HCl 使 pH＜2	2×40 mL（水） 120 g（土壤）	14 d（水或土壤）；无酸保护则为 7 d

监测项目		容器[a]	保存条件	样品最小体积或重量	最大保留时间
有机化合物	总石油烃（TPH）（可萃取）	G，琥珀密封瓶盖	4℃低温保存	1 L（水） 120 g（土壤）	萃取前 7 d，萃取后 40 d（水）；萃取前 14 d，萃取后 40 d（土壤）
	可挥发性芳香卤代烃	G，聚四氟乙烯薄膜密封瓶盖	4℃低温保存，加 HCl 使 pH＜2，0.008% $Na_2S_2O_3$	2×40 mL（水） 120 g（土壤）	14 d（水和土壤）；无酸保护则为 7 d
	亚硝胺	G，聚四氟乙烯密封瓶盖	4℃低温保存	1 L（水） 120 g（土壤）	萃取前 7 d，萃取后 40 d（水）；萃取前 14 d，萃取后 40 d（土壤）
	除草剂	G，聚四氟乙烯密封瓶盖	4℃低温保存	1 L（水） 120 g（土壤）	萃取前 7 d，萃取后 40 d（水）；萃取前 14 d，萃取后 40 d（土壤）
	有机氯杀虫剂	G，聚四氟乙烯密封瓶盖	4℃低温保存	1 L（水） 120 g（土壤）	萃取前 7 d，萃取后 40 d（水）；萃取前 14 d，萃取后 40 d（土壤）
	PCBs	G，聚四氟乙烯密封瓶盖	4℃低温保存	1 L（水） 120 g（土壤）	萃取前 7 d，萃取后 40 d（水）；萃取前 14 d，萃取后 40 d（土壤）
	有机磷杀虫剂/化合物	G，聚四氟乙烯密封瓶盖	4℃低温保存	1 L（水） 120 g（土壤）	萃取前 7 d，萃取后 40 d（水）；萃取前 14 d，萃取后 40 d（土壤）
	半挥发性有机物	G，聚四氟乙烯密封瓶盖	4℃低温保存，0.008% $Na_2S_2O_3$	1 L（水） 120 g（土壤）	萃取前 7 d，萃取后 40 d（水）；萃取前 14 d，萃取后 40 d（土壤）
	挥发性有机物	G，聚四氟乙烯薄膜密封瓶盖	4℃低温保存，0.008% $Na_2S_2O_3$（对挥发性芳香烃加 HCl 使 pH＜2）[c]	2×40 mL（水） 120 g（土壤）	14 d（水和土壤）；无酸保护则为 7 d

注：a. 聚乙烯（P）；玻璃（G）；聚乙烯复合气泡垫（T）。

b. 无需调节 pH 的土壤。

c. 只有当出现余氯时才需要保存 0.008%的 $Na_2S_2O_3$。

5.3.2　样品流转

（1）现场包装及运输

应建立完整的样品追踪管理程序，内容包括样品的保存、运输和交接等过程的书面记录和责任归属，避免样品被错误放置、混淆及保存过期。

样品采集后应尽快运送实验室分析，并根据监测目的、监测项目和监测方法的要求，在样品中加入适当的保存剂。

样品运输过程中应避免日光照射，并置于 4℃冷藏箱中保存，气温异常偏高或偏低时还应采取适当保温措施。

水样装箱前应将水样容器内外盖盖紧，对装有水样的玻璃磨口瓶应用聚乙烯薄膜覆盖瓶口并用细绳将瓶塞与瓶颈系紧。

同一采样点的样品瓶尽量装在同一箱内，与采样记录或样品交接单逐件核对，检查所采水样是否已全部装箱。

装箱时应用泡沫塑料或波纹纸板垫底和间隔防震。

运输时应有押运人员，防止样品损坏或受沾污。

（2）实验室交接

样品送达实验室后，由样品管理员接收。样品管理员对样品进行符合性检查，包括：样品包装、标识及外观是否完好；对照采样记录单检查样品名称、采样地点、样品数量、形态等是否一致；核对保存剂加入情况；样品是否冷藏，冷藏温度是否满足要求；样品是否有损坏或污染。

当样品有异常，或对样品是否适合测试有疑问时，样品管理员应及时向送样人员或采样人员询问，样品管理员应记录有关说明及处理意见，当明确样品有损坏或污染时须重新采样。

样品管理员确定样品符合样品交接条件后，进行样品登记，并由双方签字，填写样品交接单。

样品管理员负责保持样品贮存间清洁、通风、无腐蚀的环境，并对贮存环境条件加以维持和监控。

样品贮存间应有冷藏、防水、防盗和门禁措施，以保证样品的安全性。

样品流转过程中，除样品唯一性标识需转移和样品测试状态需标识外，任何人、任何时候都不得随意更改样品唯一性编号。分析原始记录应记录样品唯一性编号。

在实验室测试过程中由测试人员及时做好分样、移样的样品标识转移，并根据测试状态及时做好相应的标记。

5.3.3 样品制备

检测理化特征和无机物的样品制备主要包括干燥和研磨 2 个阶段。

（1）样品干燥

通常分为自然风干和烘干两种。

自然风干：将采集的土壤样品全部转移到已铺设牛皮纸或聚乙烯薄膜的搪瓷盘中，摊成 2～3 cm 的薄层，置于风干架上。每个搪瓷盘或牛皮纸上均应有样品标签或唯一性标识，防止样品混淆。左右 2 个搪瓷盘间距应不小于 10 cm，防止交叉污染。适时地压碎、翻动，拣出碎石、砂砾和植物残体等，避免样品结成大块而不易碾压和研磨操作。

烘干：将采集的土壤样品全部转移到搪瓷盘中，摊成 2～3 cm 的薄层；搪瓷盘的大小应与烘干设备相匹配。每个样品均应有样品标签或唯一性标识，贴于搪瓷盘上或粘贴/标记在烘干箱门上，避免样品混淆。烘干样品的温度应不影响样品中目标物的测定，一般不超过 35℃。碎石、砂砾和植物残体应及时拣出；应避免样品结成大块而不易碾压和研磨操作。

（2）样品研磨

粗磨后的样品可用于检测土壤的理化特征和样品保存，细磨后的样品可用于重金属等项目检测。多种粒径样品磨制时，应从粗到细依次全量过筛、逐级磨制，即每一粒径级的样品都全部研磨、过筛并混匀，然后再进行下一粒径级样品的研磨。称量和记录土壤样品质量和非土壤物质质量，样品损失应合理。将制备好的样品装入符合要求的容器内，填写并粘贴标签。样品粗磨和细磨过程应满足以下要求：

样品粗磨：将风干（烘干）的样品倒在有机玻璃板上，用木棰敲打，用木滚、木棒、有机玻璃棒再次压碎，拣出碎石、砂砾和植物残体等非土壤物质，对细小的植物残体可利用塑料镊子或摩擦有机玻璃棒产生的静电作用吸除，将拣出的非土壤物质装入独立的塑封袋。利用木铲将全部土壤样品分批次转移至 2 mm 的土壤筛中筛分。通过 2 mm 筛的土壤样品装入聚乙烯袋中，贴上标签。粒径＞2 mm、未通过的土壤样品继续磨制，直至所有样品均通过 2 mm 的土壤筛。经 2 mm 筛分后的样品全部置入已铺垫聚乙烯薄膜或薄牛皮纸的操作板上，用堆锥法、翻拌法或提拉法混匀后，均匀平铺，再用四分法操作进行分样。根据需要进行分装，分别用于土壤 pH、阳离子交换量和有效态元素含量等项目的检测、样品长期保存和样品细磨。

样品细磨：按四分法取上一粒径级一定量样品进行细磨，研磨过程与粗磨类似，边磨边筛；根据需要过 0.25 mm、0.15 mm 或 0.075 mm 筛。细磨样品量应不少于下一粒径级样品研磨用量和样品分析用量之和。样品分析用量应在实际使用量 10 倍以上，且不少于 10 g，以保证样品代表性。

（3）制样后清洗

制备每 1 份样品后，须清理工作台、操作板和所有制样器具，可使用清水、高压气泵或手持吸尘器等清洁表面附着的土壤。采用清水洗涤方式时，器具须整体洗净且待工作台、操作板和器具晾干后方可再次使用。利用机械研磨样品时，须对设备中与样品接触所有部位进行清理。使用高压气泵或手持吸尘器清理土壤筛时，须注意吹扫土壤筛各个侧面，确保土壤筛内外无残留土壤。

挥发性有机物样品用新鲜样品按分析方法要求进行样品前处理，半挥发性和难挥发性有机物样品按分析方法要求采用新鲜样品或干燥后的样品进行分析。半挥发性和难挥发性有机物样品干样可采用无水硫酸钠/硅藻土脱水干燥或冷冻干燥设备进行制备；在不影响分析目的时，也可采用自然风干。干燥后的样品，根据分析方法研磨至指定粒径。研磨混匀后的样品，装入棕色玻璃瓶中，填写并粘贴样品标签。

5.4 样品分析

5.4.1 分析方法概述

常见的工业企业自行监测土壤项目包括《土壤环境质量 建设用地土壤污染风险管控标准（试行）》（GB 36600—2018）表 1 基本的 45 项。

①重金属（7 项）：砷、镉、六价铬、铜、铅、汞、镍。

②VOCs（27 项）：四氯化碳、氯仿、氯甲烷、1,1-二氯乙烷、1,2-二氯乙烷、1,1-二氯乙烯、顺-1,2-二氯乙烯、反-1,2-二氯乙烯、二氯甲烷、1,2-二氯丙烷、1,1,1,2-四氯乙烷、1,1,2,2-四氯乙烷、四氯乙烯、1,1,1-三氯乙烷、1,1,2-三氯乙烷、三氯乙烯、1,2,3-三氯丙烷、氯乙烯、苯、氯苯、1,2-二氯苯、1,4-二氯苯、乙苯、苯乙烯、甲苯、间二甲苯+对二甲苯、邻二甲苯。

③SVOCs（11 项）：硝基苯、苯胺、2-氯酚、苯并[*a*]蒽、苯并[*a*]芘、苯并[*b*]荧蒽、苯并[*k*]荧蒽、二苯并[*a*,*h*]蒽、茚并[1,2,3-*c*,*d*]芘、䓛、萘。

常见的工业企业自行监测地下水项目包括《地下水质量标准》（GB/T 14848—2017）表 1 地下水质量常规指标中除微生物与放射性指标外的 35 项。

①感官性状及一般化学指标（20 项）：色度（铂钴色度单位）、嗅和味、浑浊度/NTU、肉眼可见物、pH、总硬度（以 $CaCO_3$ 计）、溶解性总固体、硫酸盐、氯化物、铁、锰、铜、锌、铝、挥发性酚类（以苯酚计）、阴离子表面活性剂、耗氧量（COD_{Mn} 法）、氨氮、硫化物、钠。

②毒理学指标（15 项）：亚硝酸盐氮（以 N 计）、硝酸盐（以 N 计）、氰化物、

氟化物、碘化物、汞、砷、硒、镉、铬（六价）、铅、三氯甲烷、四氯化碳、苯、甲苯。

这些监测项目所涉及的分析方法主要包括：重量法、分光光度法、容量分析法、原子吸收分光光度法、电感耦合等离子体发射光谱法、电感耦合等离子体质谱法、离子色谱法、原子荧光法、气相色谱法和气相色谱-质谱法等。

（1）重量法

重量法是将被测组分从试样中分离出来，经过精确称量来确定待测组分含量的分析方法。它是分析方法中最直接的测定方法，可以直接称量得到分析结果，不需标准试样或基准物质进行比较，具有精确度高等特点。图 5-17 为重量法所用的分析天平。

（2）分光光度法

分光光度法测定样品的基本原理是利用朗伯-比尔定律，根据不同浓度样品溶液对光信号具有不同的吸光度，对待测组分进行定量测定。分光光度法是环境监测中常用的方法，具有灵敏度高、准确度高、适用范围广、操作简便和快速及价格低廉等特点。图 5-18 为分光光度法所用的分光光度计。

图 5-17　分析天平

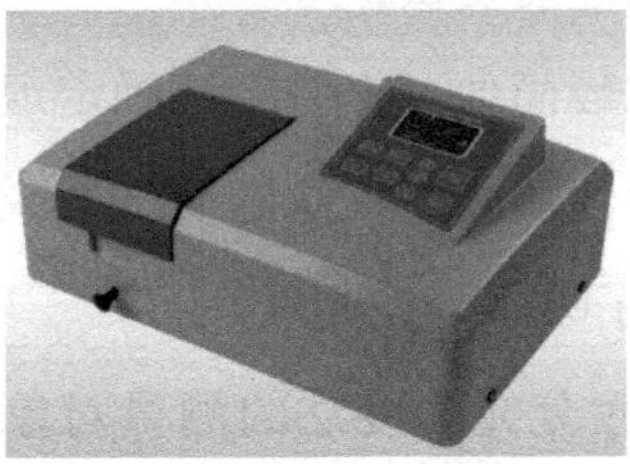

图 5-18　分光光度计

（3）容量分析法

容量分析法是将一种已知准确浓度的标准溶液滴加到被测物质的溶液中，直到所加的标准溶液与被测物质按化学计量定量反应为止，然后根据标准溶液的浓度和用量计算被测物质的含量。按反应的性质，容量分析法可分为：酸碱滴定法、氧化还原滴定法、络合滴定法和沉淀滴定法。容量分析法具有操作简便、快速、比较准确和仪器普通易得等特点。图 5-19 为滴定时所使用的套件。

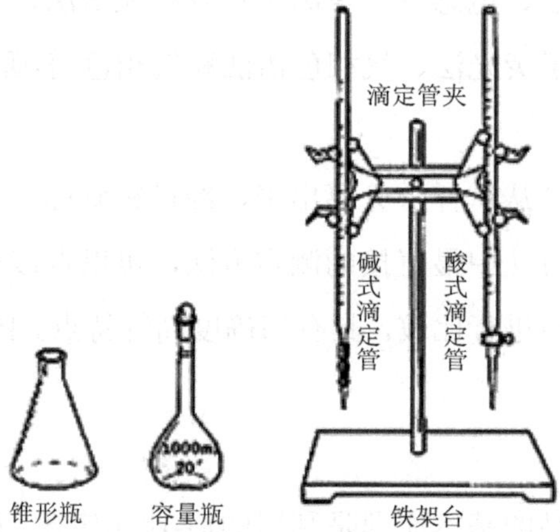

图 5-19 滴定套件

适合容量分析的化学反应应该具备的条件有以下几种：

1）反应必须定量进行而且进行完全；

2）反应速度要快；

3）有比较简便可靠的方法确定理论终点（或滴定终点）；

4）共存物质不干扰滴定反应，或采用掩蔽剂等方法能予以消除。

（4）原子吸收分光光度法

原子吸收分光光度法的测量对象是呈原子状态的金属元素和部分非金属元素，是由待测元素灯发出的特征谱线通过供试品经原子化产生的原子蒸气时，被蒸气中待测元素的基态原子所吸收，通过测定辐射光强度减弱的程度，求出供试品中待测元素的含量，并能够灵敏可靠地测定微量或痕量元素。原子吸收分光光度法由光源、原子化器（分为火焰原子化器、石墨炉原子化器、氢化物发生原子化器及冷蒸气发生原子化器 4 种）、单色器、背景校正系统、自动进样系统和检测系统等组成。根据原子化器的不同，其可分为火焰原子吸收分光光度法、石墨炉原子吸收分光光度法、氢化物发生原子吸收分光光度法、冷原子吸收分光光度法。图 5-20 为原子吸收分光光度法所用的一种仪器设备。

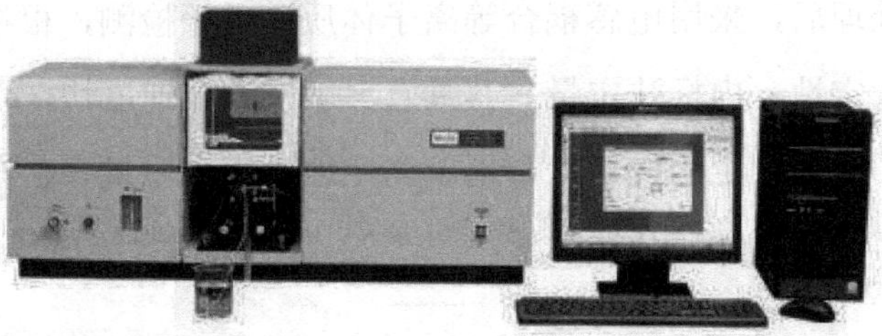

图 5-20　原子吸收分光光度法所用的火焰原子吸收光谱仪

1）火焰原子吸收分光光度法是最常用的技术，非常适合含有目标分析物的液体或溶解样品，非常适用于 mg/L 级的痕量元素检测。缺点是原子化效率低，灵敏度不够高，一般不能直接分析固体样品。

2）石墨炉原子吸收分光光度法能够分析低体积的液体样品，适用于实验室处理日常工作中的复杂基质，可高效去除干扰，敏感度高于火焰原子吸收分光光度法分析数个数量级，可以检测低至μg/L 级的痕量元素。缺点是试样组成不均匀性的影响较大，共存化合物的干扰比火焰原子分光光度法大，干扰背景比较严重，一般都需要校正背景。

3）冷原子吸收分光光度法由汞蒸气发生器和原子吸收池组成，专门用于汞的测定。

（5）电感耦合等离子体发射光谱法

电感耦合等离子体发射光谱法是指以电感耦合等离子体作为激发光源，根据处于激发态的待测元素原子回到基态时发射的特征谱线对待测元素进行分析的仪器，具有检出限低、准确度及精密度高、分析速度快等优点。图 5-21 为电感耦合等离子体光谱仪。

（6）电感耦合等离子体质谱法

电感耦合等离子体质谱法是以独特的接口技术将电感耦合等离子体的高温电离特性与质谱检测器的灵敏快速扫描的优点相结合而形成一种高灵敏度的分析技术。水样经预处理后，采用电感耦合等离子体质谱进行检测，根据元素的质谱图或特征离子进行定性，内标法定量。其具有灵敏度高、速度快，可在几分钟内完成几十个元素的定量测定的优点，常用于测定地下水中微量、痕量和超痕量的金属元素，某些卤素元素、非金属元素。图 5-22 为电感耦合等离子体质谱仪。

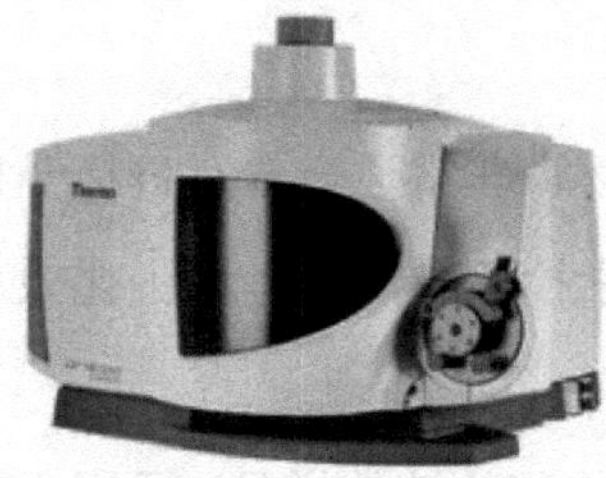

图 5-21　电感耦合等离子体光谱仪

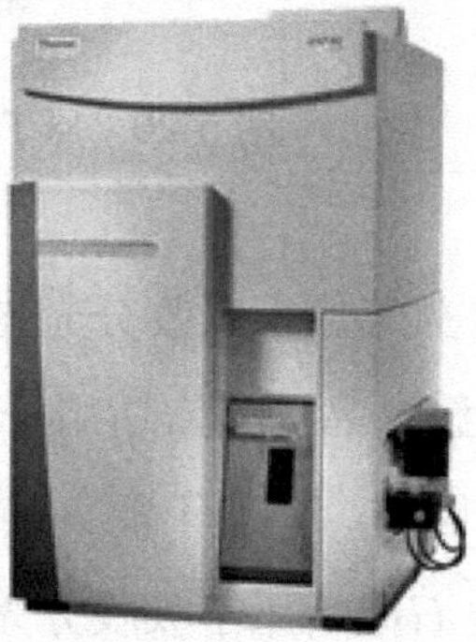

图 5-22　电感耦合等离子体质谱仪

（7）离子色谱法

离子色谱法是以低交换容量的离子交换树脂为固定相对离子性物质进行分离，用电导检测器连续检测流出物电导变化的一种色谱方法。其主要用于环境样品的分析，包括地表水、饮用水、雨水、生活污水和工业废水、酸沉降物和大气颗粒物等样品中的阴、阳离子，与微电子工业有关的水和试剂中痕量杂质的分析。图 5-23 为离子色谱仪。

（8）原子荧光法

原子荧光法根据测量待测元素的原子蒸气在一定波长的辐射能激发下发射的荧光强度进行定量分析的方法，是测定微量砷、锑、铋、汞、硒、碲、锗等元素最成功的分析方法之一。图 5-24 为原子荧光光谱仪。

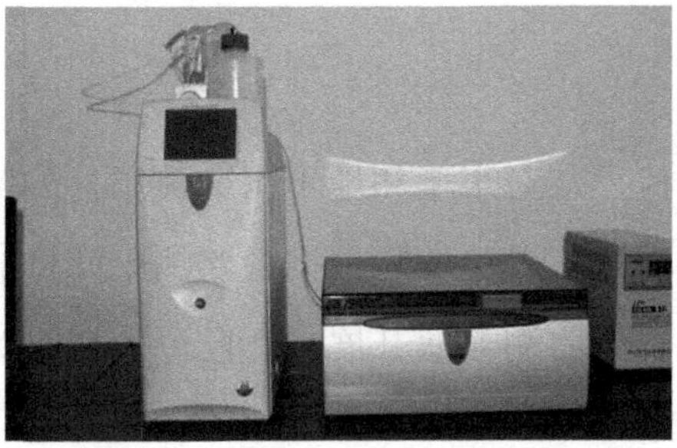

图 5-23　离子色谱仪

图 5-24　原子荧光光谱仪

（9）气相色谱法

气相色谱法的原理主要是利用物质的沸点、极性及吸附性质的差异实现混合物的分离，然后利用检测器依次检测已分离出来的组分。其具有快速、有效、灵敏度高等优点，能直接用于气相色谱分析的样品必须是气体或液体，常用的前处理方法有索氏提取法、超声提取法、振荡提取法、微波提取法等。图 5-25 为气相色谱仪。

（10）气相色谱-质谱法

气相色谱-质谱法中气相色谱对有机化合物具有有效的分离、分辨能力，而质谱则是准确鉴定化合物的有效手段。由两者结合构成的色谱-质谱联用技术，是分离和检测复杂化合物的最有力工具之一，可实现复杂体系中有机物的定性及定量测定。气相色谱-质谱法分析虽然结果准确可靠，但相对于光谱分析等方法其预处理、分析步骤较为复杂。图 5-26 为气相色谱-质谱联用仪。

图 5-25　气相色谱仪

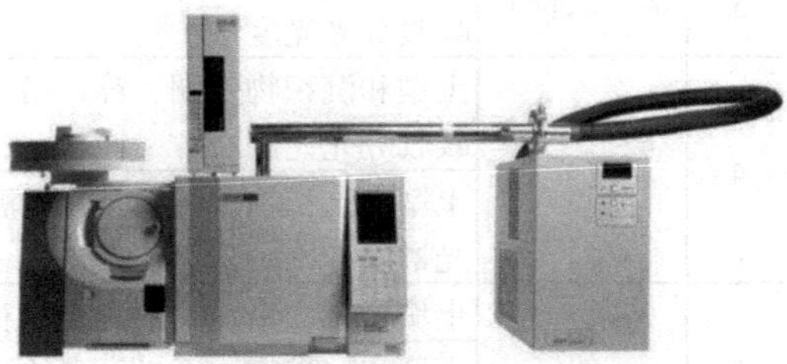

图 5-26　气相色谱-质谱联用仪

5.4.2 指标测定

通过对土壤和地下水常用监测项目的梳理，对土壤和地下水监测指标的常用监测分析方法和注意事项分别进行介绍，重点监管单位应根据各监测单元排放污染物的特征及单位实验室实际情况选择适合的监测方法开展自行监测。若有其他适用的方法，经过开展相关验证也可以使用。

5.4.2.1 土壤

根据《土壤环境质量 建设用地土壤污染风险管控标准（试行）》（GB 36600—2018），土壤各项指标监测主要依据的方法标准参见表 5-3，重点监管单位可以根据实际情况选择合适的方法开展监测。

表 5-3 常见的土壤监测标准方法

序号	污染物项目	分析方法	标准编号
1	砷	土壤和沉积物 汞、砷、硒、铋、锑的测定 微波消解/原子荧光法	HJ 680—2013
		土壤和沉积物 12 种金属元素的测定 王水提取-电感耦合等离子体质谱法	HJ 803—2016
		土壤质量 总汞、总砷、总铅的测定 原子荧光法 第 2 部分：土壤中总砷的测定	GB/T 22105.2—2008
2	镉	土壤质量 铅、镉的测定 石墨炉原子吸收分光光度法	GB/T 17141—1997
3	铬（六价）	土壤和沉积物 六价铬的测定 碱溶液提取-火焰原子吸收分光光度法	HJ 1082—2019
4	铜	土壤和沉积物 铜、锌、铅、镍、铬的测定 火焰原子吸收分光光度法	HJ 491—2019
		土壤和沉积物 无机元素的测定 波长色散 X 射线荧光光谱法	HJ 780—2015
5	铅	土壤质量 铅、镉的测定 石墨炉原子吸收分光光度法	GB/T 17141—1997
		土壤和沉积物 无机元素的测定 波长色散 X 射线荧光光谱法	HJ 780—2015

序号	污染物项目	分析方法	标准编号
6	汞	土壤和沉积物　汞、砷、硒、铋、锑的测定　微波消解/原子荧光法	HJ 680—2013
		土壤质量　总汞、总砷、总铅的测定　原子荧光法第 1 部分：土壤中总汞的测定	GB/T 22105.1—2008
		土壤质量　总汞的测定　冷原子吸收分光光度法	GB/T 17136—1997
		土壤和沉积物　总汞的测定　催化热解-冷原子吸收分光光度法	HJ 923—2017
7	镍	土壤和沉积物　铜、锌、铅、镍、铬的测定　火焰原子吸收分光光度法	HJ 491—2019
		土壤和沉积物　无机元素的测定　波长色散 X 射线荧光光谱法	HJ 780—2015
8	四氯化碳	土壤和沉积物　挥发性有机物的测定　顶空/气相色谱-质谱法	HJ 642—2013
		土壤和沉积物　挥发性卤代烃的测定　顶空/气相色谱-质谱法	HJ 736—2015
		土壤和沉积物　挥发性有机物的测定　吹扫捕集/气相色谱-质谱法	HJ 605—2011
		土壤和沉积物　挥发性卤代烃的测定　吹扫捕集/气相色谱-质谱法	HJ 735—2015
		土壤和沉积物　挥发性有机物的测定　顶空/气相色谱法	HJ 741—2015
9	氯仿	土壤和沉积物　挥发性有机物的测定　顶空/气相色谱-质谱法	HJ 642—2013
		土壤和沉积物　挥发性卤代烃的测定　顶空/气相色谱-质谱法	HJ 736—2015
		土壤和沉积物　挥发性有机物的测定　吹扫捕集/气相色谱-质谱法	HJ 605—2011
		土壤和沉积物　挥发性卤代烃的测定　吹扫捕集/气相色谱-质谱法	HJ 735—2015
		土壤和沉积物　挥发性有机物的测定　顶空/气相色谱法	HJ 741—2015
10	氯甲烷	土壤和沉积物　挥发性卤代烃的测定　顶空/气相色谱-质谱法	HJ 736—2015
		土壤和沉积物　挥发性有机物的测定　吹扫捕集/气相色谱-质谱法	HJ 605—2011
		土壤和沉积物　挥发性卤代烃的测定　吹扫捕集/气相色谱-质谱法	HJ 735—2015

序号	污染物项目	分析方法	标准编号
11	1,1-二氯乙烷	土壤和沉积物　挥发性有机物的测定　顶空/气相色谱-质谱法	HJ 642—2013
		土壤和沉积物　挥发性卤代烃的测定　顶空/气相色谱-质谱法	HJ 736—2015
		土壤和沉积物　挥发性有机物的测定　吹扫捕集/气相色谱-质谱法	HJ 605—2011
		土壤和沉积物　挥发性卤代烃的测定　吹扫捕集/气相色谱-质谱法	HJ 735—2015
		土壤和沉积物　挥发性有机物的测定　顶空/气相色谱法	HJ 741—2015
12	1,2-二氯乙烷	土壤和沉积物　挥发性有机物的测定　顶空/气相色谱-质谱法	HJ 642—2013
		土壤和沉积物　挥发性卤代烃的测定　顶空/气相色谱-质谱法	HJ 736—2015
		土壤和沉积物　挥发性有机物的测定　吹扫捕集/气相色谱-质谱法	HJ 605—2011
		土壤和沉积物　挥发性卤代烃的测定　吹扫捕集/气相色谱-质谱法	HJ 735—2015
		土壤和沉积物　挥发性有机物的测定　顶空/气相色谱法	HJ 741—2015
13	1,1-二氯乙烯	土壤和沉积物　挥发性有机物的测定　顶空/气相色谱-质谱法	HJ 642—2013
		土壤和沉积物　挥发性卤代烃的测定　顶空/气相色谱-质谱法	HJ 736—2015
		土壤和沉积物　挥发性有机物的测定　吹扫捕集/气相色谱-质谱法	HJ 605—2011
		土壤和沉积物　挥发性卤代烃的测定　吹扫捕集/气相色谱-质谱法	HJ 735—2015
		土壤和沉积物　挥发性有机物的测定　顶空/气相色谱法	HJ 741—2015
14	顺-1,2-二氯乙烯	土壤和沉积物　挥发性有机物的测定　顶空/气相色谱-质谱法	HJ 642—2013
		土壤和沉积物　挥发性卤代烃的测定　顶空/气相色谱-质谱法	HJ 736—2015
		土壤和沉积物　挥发性有机物的测定　吹扫捕集/气相色谱-质谱法	HJ 605—2011
		土壤和沉积物　挥发性卤代烃的测定　吹扫捕集/气相色谱-质谱法	HJ 735—2015
		土壤和沉积物　挥发性有机物的测定　顶空/气相色谱法	HJ 741—2015

序号	污染物项目	分析方法	标准编号
15	反-1,2-二氯乙烯	土壤和沉积物　挥发性有机物的测定　顶空/气相色谱-质谱法	HJ 642—2013
		土壤和沉积物　挥发性卤代烃的测定　顶空/气相色谱-质谱法	HJ 736—2015
		土壤和沉积物　挥发性有机物的测定　吹扫捕集/气相色谱-质谱法	HJ 605—2011
		土壤和沉积物　挥发性卤代烃的测定　吹扫捕集/气相色谱-质谱法	HJ 735—2015
		土壤和沉积物　挥发性有机物的测定　顶空/气相色谱法	HJ 741—2015
16	二氯甲烷	土壤和沉积物　挥发性有机物的测定　顶空/气相色谱-质谱法	HJ 642—2013
		土壤和沉积物　挥发性卤代烃的测定　顶空/气相色谱-质谱法	HJ 736—2015
		土壤和沉积物　挥发性有机物的测定　吹扫捕集/气相色谱-质谱法	HJ 605—2011
		土壤和沉积物　挥发性卤代烃的测定　吹扫捕集/气相色谱-质谱法	HJ 735—2015
		土壤和沉积物　挥发性有机物的测定　顶空/气相色谱法	HJ 741—2015
17	1,2-二氯丙烷	土壤和沉积物　挥发性有机物的测定　顶空/气相色谱-质谱法	HJ 642—2013
		土壤和沉积物　挥发性卤代烃的测定　顶空/气相色谱-质谱法	HJ 736—2015
		土壤和沉积物　挥发性有机物的测定　吹扫捕集/气相色谱-质谱法	HJ 605—2011
		土壤和沉积物　挥发性卤代烃的测定　吹扫捕集/气相色谱-质谱法	HJ 735—2015
		土壤和沉积物　挥发性有机物的测定　顶空/气相色谱法	HJ 741—2015
18	1,1,1,2-四氯乙烷	土壤和沉积物　挥发性有机物的测定　顶空/气相色谱-质谱法	HJ 642—2013
		土壤和沉积物　挥发性卤代烃的测定　顶空/气相色谱-质谱法	HJ 736—2015
		土壤和沉积物　挥发性有机物的测定　吹扫捕集/气相色谱-质谱法	HJ 605—2011

序号	污染物项目	分析方法	标准编号
18	1,1,1,2-四氯乙烷	土壤和沉积物　挥发性卤代烃的测定　吹扫捕集/气相色谱-质谱法	HJ 735—2015
		土壤和沉积物　挥发性有机物的测定　顶空/气相色谱法	HJ 741—2015
19	1,1,2,2-四氯乙烷	土壤和沉积物　挥发性有机物的测定　顶空/气相色谱-质谱法	HJ 642—2013
		土壤和沉积物　挥发性卤代烃的测定　顶空/气相色谱-质谱法	HJ 736—2015
		土壤和沉积物　挥发性有机物的测定　吹扫捕集/气相色谱-质谱法	HJ 605—2011
		土壤和沉积物　挥发性卤代烃的测定　吹扫捕集/气相色谱-质谱法	HJ 735—2015
		土壤和沉积物　挥发性有机物的测定　顶空/气相色谱法	HJ 741—2015
20	四氯乙烯	土壤和沉积物　挥发性有机物的测定　顶空/气相色谱-质谱法	HJ 642—2013
		土壤和沉积物　挥发性卤代烃的测定　顶空/气相色谱-质谱法	HJ 736—2015
		土壤和沉积物　挥发性有机物的测定　吹扫捕集/气相色谱-质谱法	HJ 605—2011
		土壤和沉积物　挥发性卤代烃的测定　吹扫捕集/气相色谱-质谱法	HJ 735—2015
		土壤和沉积物　挥发性有机物的测定　顶空/气相色谱法	HJ 741—2015
21	1,1,1-三氯乙烷	土壤和沉积物　挥发性有机物的测定　顶空/气相色谱-质谱法	HJ 642—2013
		土壤和沉积物　挥发性卤代烃的测定　顶空/气相色谱-质谱法	HJ 736—2015
		土壤和沉积物　挥发性有机物的测定　吹扫捕集/气相色谱-质谱法	HJ 605—2011
		土壤和沉积物　挥发性卤代烃的测定　吹扫捕集/气相色谱-质谱法	HJ 735—2015
		土壤和沉积物　挥发性有机物的测定　顶空/气相色谱法	HJ 741—2015

序号	污染物项目	分析方法	标准编号
22	1,1,2-三氯乙烷	土壤和沉积物　挥发性有机物的测定　顶空/气相色谱-质谱法	HJ 642—2013
		土壤和沉积物　挥发性卤代烃的测定　顶空/气相色谱-质谱法	HJ 736—2015
		土壤和沉积物　挥发性有机物的测定　吹扫捕集/气相色谱-质谱法	HJ 605—2011
		土壤和沉积物　挥发性卤代烃的测定　吹扫捕集/气相色谱-质谱法	HJ 735—2015
		土壤和沉积物　挥发性有机物的测定　顶空/气相色谱法	HJ 741—2015
23	三氯乙烯	土壤和沉积物　挥发性有机物的测定　顶空/气相色谱-质谱法	HJ 642—2013
		土壤和沉积物　挥发性卤代烃的测定　顶空/气相色谱-质谱法	HJ 736—2015
		土壤和沉积物　挥发性有机物的测定　吹扫捕集/气相色谱-质谱法	HJ 605—2011
		土壤和沉积物　挥发性卤代烃的测定　吹扫捕集/气相色谱-质谱法	HJ 735—2015
		土壤和沉积物　挥发性有机物的测定　顶空/气相色谱法	HJ 741—2015
24	1,2,3-三氯丙烷	土壤和沉积物　挥发性有机物的测定　顶空/气相色谱-质谱法	HJ 642—2013
		土壤和沉积物　挥发性卤代烃的测定　顶空/气相色谱-质谱法	HJ 736—2015
		土壤和沉积物　挥发性有机物的测定　吹扫捕集/气相色谱-质谱法	HJ 605—2011
		土壤和沉积物　挥发性卤代烃的测定　吹扫捕集/气相色谱-质谱法	HJ 735—2015
		土壤和沉积物　挥发性有机物的测定　顶空/气相色谱法	HJ 741—2015
25	氯乙烯	土壤和沉积物　挥发性有机物的测定　顶空/气相色谱-质谱法	HJ 642—2013
		土壤和沉积物　挥发性卤代烃的测定　顶空/气相色谱-质谱法	HJ 736—2015
		土壤和沉积物　挥发性有机物的测定　吹扫捕集/气相色谱-质谱法	HJ 605—2011

序号	污染物项目	分析方法	标准编号
25	氯乙烯	土壤和沉积物　挥发性卤代烃的测定　吹扫捕集/气相色谱-质谱法	HJ 735—2015
		土壤和沉积物　挥发性有机物的测定　顶空/气相色谱法	HJ 741—2015
26	苯	土壤和沉积物　挥发性有机物的测定　顶空/气相色谱-质谱法	HJ 642—2013
		土壤和沉积物　挥发性有机物的测定　吹扫捕集/气相色谱-质谱法	HJ 605—2011
		土壤和沉积物　挥发性有机物的测定　顶空/气相色谱法	HJ 741—2015
		土壤和沉积物　挥发性芳香烃的测定　顶空/气相色谱法	HJ 742—2015
27	氯苯	土壤和沉积物　挥发性有机物的测定　顶空/气相色谱-质谱法	HJ 642—2013
		土壤和沉积物　挥发性有机物的测定　吹扫捕集/气相色谱-质谱法	HJ 605—2011
		土壤和沉积物　挥发性有机物的测定　顶空/气相色谱法	HJ 741—2015
		土壤和沉积物　挥发性芳香烃的测定　顶空/气相色谱法	HJ 742—2015
28	1,2-二氯苯	土壤和沉积物　挥发性有机物的测定　顶空/气相色谱-质谱法	HJ 642—2013
		土壤和沉积物　挥发性有机物的测定　吹扫捕集/气相色谱-质谱法	HJ 605—2011
		土壤和沉积物　半挥发性有机物的测定　气相色谱-质谱法	HJ 834—2017
		土壤和沉积物　挥发性有机物的测定　顶空/气相色谱法	HJ 741—2015
		土壤和沉积物　挥发性芳香烃的测定　顶空/气相色谱法	HJ 742—2015
29	1,4-二氯苯	土壤和沉积物　挥发性有机物的测定　顶空/气相色谱-质谱法	HJ 642—2013
		土壤和沉积物　挥发性有机物的测定　吹扫捕集/气相色谱-质谱法	HJ 605—2011
		土壤和沉积物　半挥发性有机物的测定　气相色谱-质谱法	HJ 834—2017

序号	污染物项目	分析方法	标准编号
29	1,4-二氯苯	土壤和沉积物　挥发性有机物的测定　顶空/气相色谱法	HJ 741—2015
		土壤和沉积物　挥发性芳香烃的测定　顶空/气相色谱法	HJ 742—2015
30	乙苯	土壤和沉积物　挥发性有机物的测定　顶空/气相色谱-质谱法	HJ 642—2013
		土壤和沉积物　挥发性有机物的测定　吹扫捕集/气相色谱-质谱法	HJ 605—2011
		土壤和沉积物　挥发性有机物的测定　顶空/气相色谱法	HJ 741—2015
		土壤和沉积物　挥发性芳香烃的测定　顶空/气相色谱法	HJ 742—2015
31	苯乙烯	土壤和沉积物　挥发性有机物的测定　顶空/气相色谱-质谱法	HJ 642—2013
		土壤和沉积物　挥发性有机物的测定　吹扫捕集/气相色谱-质谱法	HJ 605—2011
		土壤和沉积物　挥发性有机物的测定　顶空/气相色谱法	HJ 741—2015
		土壤和沉积物　挥发性芳香烃的测定　顶空/气相色谱法	HJ 742—2015
32	甲苯	土壤和沉积物　挥发性有机物的测定　顶空/气相色谱-质谱法	HJ 642—2013
		土壤和沉积物　挥发性有机物的测定　吹扫捕集/气相色谱-质谱法	HJ 605—2011
		土壤和沉积物　挥发性有机物的测定　顶空/气相色谱法	HJ 741—2015
		土壤和沉积物　挥发性芳香烃的测定　顶空/气相色谱法	HJ 742—2015
33	间二甲苯+对二甲苯	土壤和沉积物　挥发性有机物的测定　顶空/气相色谱-质谱法	HJ 642—2013
		土壤和沉积物　挥发性有机物的测定　吹扫捕集/气相色谱-质谱法	HJ 605—2011
		土壤和沉积物　挥发性有机物的测定　顶空/气相色谱法	HJ 741—2015
		土壤和沉积物　挥发性芳香烃的测定　顶空/气相色谱法	HJ 742—2015

序号	污染物项目	分析方法	标准编号
34	邻二甲苯	土壤和沉积物　挥发性有机物的测定　顶空/气相色谱-质谱法	HJ 642—2013
		土壤和沉积物　挥发性有机物的测定　吹扫捕集/气相色谱-质谱法	HJ 605—2011
		土壤和沉积物　挥发性有机物的测定　顶空/气相色谱法	HJ 741—2015
		土壤和沉积物　挥发性芳香烃的测定　顶空/气相色谱法	HJ 742—2015
35	硝基苯	土壤和沉积物　半挥发性有机物的测定　气相色谱-质谱法	HJ 834—2017
36	苯胺	土壤和沉积物　13 种苯胺类和 2 种联苯胺类化合物的测定　液相色谱-三重四极杆质谱法	HJ 1210—2021
		土壤和沉积物　半挥发性有机物的测定　气相色谱-质谱法	HJ 834—2017
37	2-氯酚	土壤和沉积物　半挥发性有机物的测定　气相色谱-质谱法	HJ 834—2017
		土壤和沉积物　酚类化合物的测定　气相色谱法	HJ 703—2014
38	苯并[*a*]蒽	土壤和沉积物　多环芳烃的测定　高效液相色谱法	HJ 784—2016
		土壤和沉积物　多环芳烃的测定　气相色谱-质谱法	HJ 805—2016
		土壤和沉积物　半挥发性有机物的测定　气相色谱-质谱法	HJ 834—2017
39	苯并[*a*]芘	土壤和沉积物　多环芳烃的测定　气相色谱-质谱法	HJ 805—2016
		土壤和沉积物　多环芳烃的测定　高效液相色谱法	HJ 784—2016
		土壤和沉积物　半挥发性有机物的测定　气相色谱-质谱法	HJ 834—2017
40	苯并[*b*]荧蒽	土壤和沉积物　多环芳烃的测定　气相色谱-质谱法	HJ 805—2016
		土壤和沉积物　多环芳烃的测定　高效液相色谱法	HJ 784—2016
		土壤和沉积物　半挥发性有机物的测定　气相色谱-质谱法	HJ 834—2017
41	苯并[*k*]荧蒽	土壤和沉积物　多环芳烃的测定　气相色谱-质谱法	HJ 805—2016
		土壤和沉积物　多环芳烃的测定　高效液相色谱法	HJ 784—2016
		土壤和沉积物　半挥发性有机物的测定　气相色谱-质谱法	HJ 834—2017
42	䓛	土壤和沉积物　多环芳烃的测定　气相色谱-质谱法	HJ 805—2016
		土壤和沉积物　多环芳烃的测定　高效液相色谱法	HJ 784—2016

序号	污染物项目	分析方法	标准编号
42	䓛	土壤和沉积物 半挥发性有机物的测定 气相色谱-质谱法	HJ 834—2017
43	二苯并[*a*,*h*]蒽	土壤和沉积物 多环芳烃的测定 气相色谱-质谱法	HJ 805—2016
		土壤和沉积物 多环芳烃的测定 高效液相色谱法	HJ 784—2016
		土壤和沉积物 半挥发性有机物的测定 气相色谱-质谱法	HJ 834—2017
44	茚并[1,2,3-*c*,*d*]芘	土壤和沉积物 多环芳烃的测定 气相色谱-质谱法	HJ 805—2016
		土壤和沉积物 多环芳烃的测定 高效液相色谱法	HJ 784—2016
		土壤和沉积物 半挥发性有机物的测定 气相色谱-质谱法	HJ 834—2017
45	萘	土壤和沉积物 多环芳烃的测定 气相色谱-质谱法	HJ 805—2016
		土壤和沉积物 挥发性有机物的测定 吹扫捕集/气相色谱-质谱法	HJ 605—2011
		土壤和沉积物 挥发性有机物的测定 顶空/气相色谱法	HJ 741—2015
		土壤和沉积物 半挥发性有机物的测定 气相色谱-质谱法	HJ 834—2017
46	锑	土壤和沉积物 汞、砷、硒、铋、锑的测定 微波消解/原子荧光法	HJ 680—2013
		土壤和沉积物 12 种金属元素的测定 王水提取-电感耦合等离子体质谱法	HJ 803—2016
47	铍	土壤和沉积物 铍的测定 石墨炉原子吸收分光光度法	HJ 737—2015
48	钴	土壤和沉积物 12 种金属元素的测定 王水提取-电感耦合等离子体质谱法	HJ 803—2016
		土壤和沉积物 无机元素的测定 波长色散X射线荧光光谱法	HJ 780—2015
49	甲基汞	土壤和沉积物 甲基汞和乙基汞的测定 吹扫捕集/气相色谱-冷原子荧光光谱法	HJ 1269—2022
50	钒	土壤和沉积物 12 种金属元素的测定 王水提取-电感耦合等离子体质谱法	HJ 803—2016
		土壤和沉积物 无机元素的测定 波长色散X射线荧光光谱法	HJ 780—2015
51	氰化物	土壤 氰化物和总氰化物的测定 分光光度法	HJ 745—2015
52	一溴二氯甲烷	土壤和沉积物 挥发性有机物的测定 顶空/气相色谱-质谱法	HJ 642—2013

序号	污染物项目	分析方法	标准编号
52	一溴二氯甲烷	土壤和沉积物　挥发性卤代烃的测定　顶空/气相色谱-质谱法	HJ 736—2015
		土壤和沉积物　挥发性有机物的测定　吹扫捕集/气相色谱-质谱法	HJ 605—2011
		土壤和沉积物　挥发性卤代烃的测定　吹扫捕集/气相色谱-质谱法	HJ 735—2015
		土壤和沉积物　挥发性有机物的测定　顶空/气相色谱法	HJ 741—2015
53	溴仿	土壤和沉积物　挥发性有机物的测定　顶空/气相色谱-质谱法	HJ 642—2013
		土壤和沉积物　挥发性卤代烃的测定　顶空/气相色谱-质谱法	HJ 736—2015
		土壤和沉积物　挥发性有机物的测定　吹扫捕集/气相色谱-质谱法	HJ 605—2011
		土壤和沉积物　挥发性卤代烃的测定　吹扫捕集/气相色谱-质谱法	HJ 735—2015
		土壤和沉积物　挥发性有机物的测定　顶空/气相色谱法	HJ 741—2015
54	二溴氯甲烷	土壤和沉积物　挥发性有机物的测定　顶空/气相色谱-质谱法	HJ 642—2013
		土壤和沉积物　挥发性卤代烃的测定　顶空/气相色谱-质谱法	HJ 736—2015
		土壤和沉积物　挥发性有机物的测定　吹扫捕集/气相色谱-质谱法	HJ 605—2011
		土壤和沉积物　挥发性卤代烃的测定　吹扫捕集/气相色谱-质谱法	HJ 735—2015
		土壤和沉积物　挥发性有机物的测定　顶空/气相色谱法	HJ 741—2015
55	1,2-二溴乙烷	土壤和沉积物　挥发性有机物的测定　顶空/气相色谱-质谱法	HJ 642—2013
		土壤和沉积物　挥发性卤代烃的测定　顶空/气相色谱-质谱法	HJ 736—2015
		土壤和沉积物　挥发性有机物的测定　吹扫捕集/气相色谱-质谱法	HJ 605—2011

序号	污染物项目	分析方法	标准编号
55	1,2-二溴乙烷	土壤和沉积物 挥发性卤代烃的测定 吹扫捕集/气相色谱-质谱法	HJ 735—2015
		土壤和沉积物 挥发性有机物的测定 顶空/气相色谱法	HJ 741—2015
56	六氯环戊二烯	土壤和沉积物 半挥发性有机物的测定 气相色谱-质谱法	HJ 834—2017
57	2,4-二硝基甲苯	土壤和沉积物 半挥发性有机物的测定 气相色谱-质谱法	HJ 834—2017
58	2,4-二氯酚	土壤和沉积物 半挥发性有机物的测定 气相色谱-质谱法	HJ 834—2017
		土壤和沉积物 酚类化合物的测定 气相色谱法	HJ 703—2014
59	2,4,6-三氯酚	土壤和沉积物 半挥发性有机物的测定 气相色谱-质谱法	HJ 834—2017
		土壤和沉积物 酚类化合物的测定 气相色谱法	HJ 703—2014
60	2,4-二硝基酚	土壤和沉积物 半挥发性有机物的测定 气相色谱-质谱法	HJ 834—2017
		土壤和沉积物 酚类化合物的测定 气相色谱法	HJ 703—2014
61	五氯酚	土壤和沉积物 半挥发性有机物的测定 气相色谱-质谱法	HJ 834—2017
		土壤和沉积物 酚类化合物的测定 气相色谱法	HJ 703—2014
62	邻苯二甲酸二（2-乙基己基）酯	土壤和沉积物 半挥发性有机物的测定 气相色谱-质谱法	HJ 834—2017
63	邻苯二甲酸丁基苄酯	土壤和沉积物 半挥发性有机物的测定 气相色谱-质谱法	HJ 834—2017
64	邻苯二甲酸二正辛酯	土壤和沉积物 半挥发性有机物的测定 气相色谱-质谱法	HJ 834—2017
65	3,3′-二氯联苯胺	土壤和沉积物 13 种苯胺类和 2 种联苯胺类化合物的测定 液相色谱-三重四极杆质谱法	HJ 1210—2021
		土壤和沉积物 半挥发性有机物的测定 气相色谱-质谱法	HJ 834—2017

序号	污染物项目	分析方法	标准编号
66	阿特拉津	土壤和沉积物　11 种三嗪类农药的测定　高效液相色谱法	HJ 1052—2019
67	氯丹	土壤和沉积物　有机氯农药的测定　气相色谱-质谱法	HJ 835—2017
		土壤和沉积物　有机氯农药的测定　气相色谱法	HJ 921—2017
68	*p,p'*-滴滴滴	土壤和沉积物　有机氯农药的测定　气相色谱-质谱法	HJ 835—2017
		土壤和沉积物　有机氯农药的测定　气相色谱法	HJ 921—2017
		土壤中六六六和滴滴涕测定　气相色谱法	GB/T 14550—2003
69	*p,p'*-滴滴伊	土壤和沉积物　有机氯农药的测定　气相色谱-质谱法	HJ 835—2017
		土壤和沉积物　有机氯农药的测定　气相色谱法	HJ 921—2017
		土壤中六六六和滴滴涕测定　气相色谱法	GB/T 14550—2003
70	滴滴涕	土壤和沉积物　有机氯农药的测定　气相色谱-质谱法	HJ 835—2017
		土壤和沉积物　有机氯农药的测定　气相色谱法	HJ 921—2017
		土壤中六六六和滴滴涕测定　气相色谱法	GB/T 14550—2003
71	敌敌畏	土壤和沉积物　有机磷类和拟除虫菊酯类等 47 种农药的测定　气相色谱-质谱法	HJ 1023—2019
72	乐果	土壤和沉积物　有机磷类和拟除虫菊酯类等 47 种农药的测定　气相色谱-质谱法	HJ 1023—2019
73	硫丹	土壤和沉积物　有机氯农药的测定　气相色谱-质谱法	HJ 835—2017
		土壤和沉积物　有机氯农药的测定　气相色谱法	HJ 921—2017
74	七氯	土壤和沉积物　有机氯农药的测定　气相色谱-质谱法	HJ 835—2017
75	*α*-六六六	土壤和沉积物　有机氯农药的测定　气相色谱-质谱法	HJ 835—2017
		土壤和沉积物　有机氯农药的测定　气相色谱法	HJ 921—2017
		土壤中六六六和滴滴涕测定　气相色谱法	GB/T 14550—2003
76	*β*-六六六	土壤和沉积物　有机氯农药的测定　气相色谱-质谱法	HJ 835—2017
		土壤和沉积物　有机氯农药的测定　气相色谱法	HJ 921—2017
		土壤中六六六和滴滴涕测定　气相色谱法	GB/T 14550—2003
77	*γ*-六六六	土壤和沉积物　有机氯农药的测定　气相色谱-质谱法	HJ 835—2017
		土壤和沉积物　有机氯农药的测定　气相色谱法	HJ 921—2017
		土壤中六六六和滴滴涕测定　气相色谱法	GB/T 14550—2003
78	六氯苯	土壤和沉积物　有机氯农药的测定　气相色谱-质谱法	HJ 835—2017
		土壤和沉积物　有机氯农药的测定　气相色谱法	HJ 921—2017
79	灭蚁灵	土壤和沉积物　有机氯农药的测定　气相色谱-质谱法	HJ 835—2017
		土壤和沉积物　有机氯农药的测定　气相色谱法	HJ 921—2017
80	多氯联苯（总量）	土壤和沉积物　多氯联苯的测定　气相色谱-质谱法	HJ 743—2015
		土壤和沉积物　多氯联苯的测定　气相色谱法	HJ 922—2017

序号	污染物项目	分析方法	标准编号
81	3,3′,4,4′,5-五氯联苯（PCB 126）	土壤和沉积物　多氯联苯的测定　气相色谱-质谱法	HJ 743—2015
		土壤和沉积物　多氯联苯的测定　气相色谱法	HJ 922—2017
82	3,3′,4,4′,5,5′-六氯联苯（PCB 169）	土壤和沉积物　多氯联苯的测定　气相色谱-质谱法	HJ 743—2015
		土壤和沉积物　多氯联苯的测定　气相色谱法	HJ 922—2017
83	二噁英（总毒性当量）	土壤和沉积物　二噁英类的测定　同位素稀释高分辨气相色谱-高分辨质谱法	HJ 77.4—2008
84	多溴联苯（总量）	土壤和沉积物　20 种多溴联苯的测定　气相色谱-高分辨质谱法	HJ 1243—2022
85	石油烃（C_{10}～C_{40}）	土壤和沉积物　石油烃（C_{10}～C_{40}）的测定　气相色谱法	HJ 1021—2019

5.4.2.2　地下水

在企业自行监测活动中，地下水常见的各项指标监测主要依据的方法标准参见表 5-4，重点监管单位可以根据实际情况选择合适的方法开展监测。

表 5-4　常见的地下水监测标准方法

序号	污染物项目	分析方法	标准编号
1	色	水质　色度的测定　铂钴标准比色法	GB 11903—1989
2	嗅和味	生活饮用水标准检验方法　第 4 部分：感官性状和物理指标　嗅气和尝味法	GB/T 5750.4—2023
3	浑浊度	水质　浊度的测定　浊度计法	HJ 1075—2019
		水质　浊度的测定	GB 13200—1991
4	肉眼可见物	生活饮用水标准检验方法　第 4 部分：感官性状和物理指标　直接观察法	GB/T 5750.4—2023
5	pH	水质　pH 值的测定　电极法	HJ 1147—2020
6	总硬度	水质　钙和镁总量的测定　EDTA 滴定法	GB 7477—1987
		水质　32 种元素的测定　电感耦合等离子体发射光谱法	HJ 776—2015
7	溶解性总固体	生活饮用水标准检验方法　第 4 部分：感官性状和物理指标　称量法	GB/T 5750.4—2023

序号	污染物项目	分析方法	标准编号
8	硫酸盐	水质 硫酸盐的测定 重量法	GB 11899—1989
		水质 无机阴离子（F^-、Cl^-、NO_2^-、Br^-、NO_3^-、PO_4^{3-}、SO_3^{2-}、SO_4^{2-}）的测定 离子色谱法	HJ 84—2016
		水质 硫酸盐的测定 铬酸钡分光光度法（试行）	HJ/T 342—2007
9	氯化物	水质 无机阴离子（F^-、Cl^-、NO_2^-、Br^-、NO_3^-、PO_4^{3-}、SO_3^{2-}、SO_4^{2-}）的测定 离子色谱法	HJ 84—2016
		水质 氯化物的测定 硝酸银滴定法	GB 11896—1989
		水质 氯化物的测定 硝酸汞滴定法（试行）	HJ/T 343—2007
10	铁	水质 铁、锰的测定 火焰原子吸收分光光度法	GB 11911—1989
		水质 铁的测定 邻菲啰啉分光光度法（试行）	HJ/T 345—2007
		水质 32 种元素的测定 电感耦合等离子体发射光谱法	HJ 776—2015
		水质 65 种元素的测定 电感耦合等离子体质谱法	HJ 700—2014
11	锰	水质 铁、锰的测定 火焰原子吸收分光光度法	GB 11911—1989
		水质 32 种元素的测定 电感耦合等离子体发射光谱法	HJ 776—2015
		水质 锰的测定 甲醛肟分光光度法（试行）	HJ/T 344—2007
		水质 锰的测定 高碘酸钾分光光度法	GB 11906—1989
		水质 65 种元素的测定 电感耦合等离子体质谱法	HJ 700—2014
12	铜	水质 32 种元素的测定 电感耦合等离子体发射光谱法	HJ 776—2015
		水质 铜、锌、铅、镉的测定 原子吸收分光光度法	GB 7475—1987
		水质 铜的测定 2,9-二甲基-1,10-菲啰啉分光光度法	HJ 486—2009
		水质 铜的测定 二乙基二硫代氨基甲酸钠分光光度法	HJ 485—2009
		水质 65 种元素的测定 电感耦合等离子体质谱法	HJ 700—2014
13	锌	水质 32 种元素的测定 电感耦合等离子体发射光谱法	HJ 776—2015
		水质 铜、锌、铅、镉的测定 原子吸收分光光度法	GB 7475—1987
		水质 锌的测定 双硫腙分光光度法	GB 7472—1987
		水质 65 种元素的测定 电感耦合等离子体质谱法	HJ 700—2014
14	铝	水质 32 种元素的测定 电感耦合等离子体发射光谱法	HJ 776—2015
		水质 65 种元素的测定 电感耦合等离子体质谱法	HJ 700—2014
15	挥发性酚类	水质 挥发酚的测定 4-氨基安替比林分光光度法	HJ 503—2009
		水质 挥发酚的测定 溴化容量法	HJ 502—2009
		水质 挥发酚的测定 流动注射-4-氨基安替比林分光光度法	HJ 825—2017
16	阴离子表面活性剂	水质 阴离子表面活性剂的测定 亚甲蓝分光光度法	GB 7494—1987
		水质 阴离子表面活性剂的测定 流动注射-亚甲基蓝分光光度法	HJ 826—2017

序号	污染物项目	分析方法	标准编号
17	耗氧量（COD_{Mn}法）	生活饮用水标准检验方法　第 7 部分：有机物综合指标	GB/T 5750.7—2023
18	氨氮	水质　氨氮的测定　纳氏试剂分光光度法	HJ 535—2009
		水质　氨氮的测定　水杨酸分光光度法	HJ 536—2009
		水质　氨氮的测定　气相分子吸收光谱法	HJ/T 195—2005
		水质　氨氮的测定　连续流动-水杨酸分光光度法	HJ 665—2013
		水质　氨氮的测定　流动注射-水杨酸分光光度法	HJ 666—2013
19	硫化物	水质　硫化物的测定　碘量法	HJ/T 60—2000
		水质　硫化物的测定　气相分子吸收光谱法	HJ/T 200—2005
		水质　硫化物的测定　亚甲基蓝分光光度法	HJ 1226—2021
		水质　硫化物的测定　流动注射-亚甲基蓝分光光度法	HJ 824—2017
20	钠	水质　32 种元素的测定　电感耦合等离子体发射光谱法	HJ 776—2015
		水质　65 种元素的测定　电感耦合等离子体质谱法	HJ 700—2014
		水质　钾和钠的测定　火焰原子吸收分光光度法	GB 11904—1989
21	总大肠菌群	水质　总大肠菌群、粪大肠菌群和大肠埃希氏菌的测定　酶底物法	HJ 1001—2018
		水质　粪大肠菌群的测定　多管发酵法	HJ 347.2—2018
22	菌落总数	水质　细菌总数的测定　平皿计数法	HJ 1000—2018
23	亚硝酸盐	水质　亚硝酸盐氮的测定　分光光度法	GB 7493—1987
		水质　无机阴离子（F^-、Cl^-、NO_2^-、Br^-、NO_3^-、PO_4^{3-}、SO_3^{2-}、SO_4^{2-}）的测定　离子色谱法	HJ 84—2016
		水质　亚硝酸盐氮的测定　气相分子吸收光谱法	HJ/T 197—2005
24	硝酸盐	水质　硝酸盐氮的测定　气相分子吸收光谱法	HJ/T 198—2005
		水质　硝酸盐氮的测定　紫外分光光度法（试行）	HJ/T 346—2007
		水质　无机阴离子（F^-、Cl^-、NO_2^-、Br^-、NO_3^-、PO_4^{3-}、SO_3^{2-}、SO_4^{2-}）的测定　离子色谱法	HJ 84—2016
25	氰化物	水质　氰化物的测定　流动注射-分光光度法	HJ 823—2017
		水质　氰化物的测定　容量法和分光光度法	HJ 484—2009
26	氟化物	水质　无机阴离子（F^-、Cl^-、NO_2^-、Br^-、NO_3^-、PO_4^{3-}、SO_3^{2-}、SO_4^{2-}）的测定　离子色谱法	HJ 84—2016
		水质　氟化物的测定　离子选择电极法	GB 7484—1987
		水质　氟化物的测定　氟试剂分光光度法	HJ 488—2009
27	碘化物	生活饮用水标准检验方法　第 7 部分：有机物综合指标	GB/T 5750.7—2023
		水质　碘化物的测定　离子色谱法	HJ 778—2015

序号	污染物项目	分析方法	标准编号
28	汞	水质　汞　砷　硒　铋和锑的测定　原子荧光法	HJ 694—2014
		水质　汞的测定　冷原子荧光法（试行）	HJ/T 341—2007
29	砷	水质　汞　砷　硒　铋和锑的测定　原子荧光法	HJ 694—2014
		水质　32 种元素的测定　电感耦合等离子体发射光谱法	HJ 776—2015
		水质　65 种元素的测定　电感耦合等离子体质谱法	HJ 700—2014
30	硒	水质　汞　砷　硒　铋和锑的测定　原子荧光法	HJ 694—2014
		水质　32 种元素的测定　电感耦合等离子体发射光谱法	HJ 776—2015
		水质　65 种元素的测定　电感耦合等离子体质谱法	HJ 700—2014
		水质　硒的测定　石墨炉原子吸收分光光度法	GB/T 15505—1995
31	镉	水质　铜、锌、铅、镉的测定　原子吸收分光光度法	GB 7475—1987
		水质　32 种元素的测定　电感耦合等离子体发射光谱法	HJ 776—2015
		水质　65 种元素的测定　电感耦合等离子体质谱法	HJ 700—2014
32	铬（六价）	水质　六价铬的测定　流动注射-二苯碳酰二肼光度法	HJ 908—2017
		生活饮用水标准检验方法　第 6 部分：金属和类金属指标	GB/T 5750.6—2023
33	铅	水质　铜、锌、铅、镉的测定　原子吸收分光光度法	GB 7475—1987
		水质　32 种元素的测定　电感耦合等离子体发射光谱法	HJ 776—2015
		水质　65 种元素的测定　电感耦合等离子体质谱法	HJ 700—2014
34	总 α 放射性	水质　总 α 放射性的测定　厚源法	HJ 898—2017
35	总 β 放射性	水质　总 β 放射性的测定　厚源法	HJ 898—2017
36	铍	水质　32 种元素的测定　电感耦合等离子体发射光谱法	HJ 776—2015
		水质　65 种元素的测定　电感耦合等离子体质谱法	HJ 700—2014
37	硼	水质　32 种元素的测定　电感耦合等离子体发射光谱法	HJ 776—2015
		水质　65 种元素的测定　电感耦合等离子体质谱法	HJ 700—2014
		水质　硼的测定　姜黄素分光光度法	HJ/T 49—1999
38	锑	水质　32 种元素的测定　电感耦合等离子体发射光谱法	HJ 776—2015
		水质　65 种元素的测定　电感耦合等离子体质谱法	HJ 700—2014
		水质　汞、砷、硒、铋和锑的测定　原子荧光法	HJ 694—2014
39	钡	水质　钡的测定　石墨炉原子吸收分光光度法	HJ 602—2011
		水质　32 种元素的测定　电感耦合等离子体发射光谱法	HJ 776—2015
		水质　65 种元素的测定　电感耦合等离子体质谱法	HJ 700—2014
40	镍	水质　32 种元素的测定　电感耦合等离子体发射光谱法	HJ 776—2015
		水质　65 种元素的测定　电感耦合等离子体质谱法	HJ 700—2014
41	钴	水质　32 种元素的测定　电感耦合等离子体发射光谱法	HJ 776—2015
		水质　65 种元素的测定　电感耦合等离子体质谱法	HJ 700—2014

序号	污染物项目	分析方法	标准编号
42	钼	水质　32 种元素的测定　电感耦合等离子体发射光谱法	HJ 776—2015
		水质　65 种元素的测定　电感耦合等离子体质谱法	HJ 700—2014
43	银	水质　32 种元素的测定　电感耦合等离子体发射光谱法	HJ 776—2015
		水质　65 种元素的测定　电感耦合等离子体质谱法	HJ 700—2014
44	铊	水质　65 种元素的测定　电感耦合等离子体质谱法	HJ 700—2014
		水质　铊的测定　石墨炉原子吸收分光光度法	HJ 748—2015
45	三氯甲烷	水质　挥发性有机物的测定　吹扫捕集/气相色谱-质谱法	HJ 639—2012
		水质　挥发性卤代烃的测定　顶空气相色谱法	HJ 620—2011
46	四氯化碳	水质　挥发性有机物的测定　吹扫捕集/气相色谱-质谱法	HJ 639—2012
		水质　挥发性卤代烃的测定　顶空气相色谱法	HJ 620—2011
47	苯	水质　挥发性有机物的测定　吹扫捕集/气相色谱-质谱法	HJ 639—2012
		水质　苯系物的测定　顶空/气相色谱法	HJ 1067—2019
48	甲苯	水质　挥发性有机物的测定　吹扫捕集/气相色谱-质谱法	HJ 639—2012
		水质　苯系物的测定　顶空/气相色谱法	HJ 1067—2019
49	二氯甲烷	水质　挥发性有机物的测定　吹扫捕集/气相色谱-质谱法	HJ 639—2012
		水质　挥发性卤代烃的测定　顶空气相色谱法	HJ 620—2011
50	1,2-二氯乙烷	水质　挥发性有机物的测定　吹扫捕集/气相色谱-质谱法	HJ 639—2012
		水质　挥发性卤代烃的测定　顶空气相色谱法	HJ 620—2011
51	1,1,1-三氯乙烷	水质　挥发性有机物的测定　吹扫捕集/气相色谱-质谱法	HJ 639—2012
		水质　挥发性卤代烃的测定　顶空气相色谱法	HJ 620—2011
52	1,1,2-三氯乙烷	水质　挥发性有机物的测定　吹扫捕集/气相色谱-质谱法	HJ 639—2012
		水质　挥发性卤代烃的测定　顶空气相色谱法	HJ 620—2011
53	1,2-二氯丙烷	水质　挥发性有机物的测定　吹扫捕集/气相色谱-质谱法	HJ 639—2012
		水质　挥发性卤代烃的测定　顶空气相色谱法	HJ 620—2011
54	三溴甲烷	水质　挥发性有机物的测定　吹扫捕集/气相色谱-质谱法	HJ 639—2012
		水质　挥发性卤代烃的测定　顶空气相色谱法	HJ 620—2011
55	氯乙烯	水质　挥发性有机物的测定　吹扫捕集/气相色谱-质谱法	HJ 639—2012
		水质　挥发性卤代烃的测定　顶空气相色谱法	HJ 620—2011
56	1,1-二氯乙烯	水质　挥发性有机物的测定　吹扫捕集/气相色谱-质谱法	HJ 639—2012
		水质　挥发性卤代烃的测定　顶空气相色谱法	HJ 620—2011
57	1.2-二氯乙烯	水质　挥发性有机物的测定　吹扫捕集/气相色谱-质谱法	HJ 639—2012
		水质　挥发性卤代烃的测定　顶空气相色谱法	HJ 620—2011
58	三氯乙烯	水质　挥发性有机物的测定　吹扫捕集/气相色谱-质谱法	HJ 639—2012
		水质　挥发性卤代烃的测定　顶空气相色谱法	HJ 620—2011
59	四氯乙烯	水质　挥发性有机物的测定　吹扫捕集/气相色谱-质谱法	HJ 639—2012
		水质　挥发性卤代烃的测定　顶空气相色谱法	HJ 620—2011

序号	污染物项目	分析方法	标准编号
60	氯苯	水质　挥发性有机物的测定　吹扫捕集/气相色谱-质谱法	HJ 639—2012
		水质　氯苯类化合物的测定　气相色谱法	HJ 621—2011
61	邻二氯苯	水质　挥发性有机物的测定　吹扫捕集/气相色谱-质谱法	HJ 639—2012
		水质　氯苯类化合物的测定　气相色谱法	HJ 621—2011
62	对二氯苯	水质　挥发性有机物的测定　吹扫捕集/气相色谱-质谱法	HJ 639—2012
		水质　氯苯类化合物的测定　气相色谱法	HJ 621—2011
63	三氯苯（总量）	水质　挥发性有机物的测定　吹扫捕集/气相色谱-质谱法	HJ 639—2012
		水质　氯苯类化合物的测定　气相色谱法	HJ 621—2011
64	乙苯	水质　挥发性有机物的测定　吹扫捕集/气相色谱-质谱法	HJ 639—2012
		水质　苯系物的测定　顶空/气相色谱法	HJ 1067—2019
65	二甲苯（总量）	水质　挥发性有机物的测定　吹扫捕集/气相色谱-质谱法	HJ 639—2012
		水质　苯系物的测定　顶空/气相色谱法	HJ 1067—2019
66	苯乙烯	水质　挥发性有机物的测定　吹扫捕集/气相色谱-质谱法	HJ 639—2012
		水质　苯系物的测定　顶空/气相色谱法	HJ 1067—2019
67	2,4-二硝基甲苯	水质　挥发性有机物的测定　吹扫捕集/气相色谱-质谱法	HJ 639—2012
		水质　硝基苯类化合物的测定　液液萃取/固相萃取-气相色谱法	HJ 648—2013
68	2,6-二硝基甲苯	水质　挥发性有机物的测定　吹扫捕集/气相色谱-质谱法	HJ 639—2012
		水质　硝基苯类化合物的测定　液液萃取/固相萃取-气相色谱法	HJ 648—2013
69	萘	水质　多环芳烃的测定　液液萃取和固相萃取高效液相色谱法	HJ 478—2009
		生活饮用水标准检验方法　第 8 部分：有机物指标	GB/T 5750.8—2023
70	蒽	水质　多环芳烃的测定　液液萃取和固相萃取高效液相色谱法	HJ 478—2009
		生活饮用水标准检验方法　第 8 部分：有机物指标	GB/T 5750.8—2023
71	荧蒽	水质　多环芳烃的测定　液液萃取和固相萃取高效液相色谱法	HJ 478—2009
		生活饮用水标准检验方法　第 8 部分：有机物指标	GB/T 5750.8—2023
72	苯并[*b*]荧蒽	水质　多环芳烃的测定　液液萃取和固相萃取高效液相色谱法	HJ 478—2009
		生活饮用水标准检验方法　第 8 部分：有机物指标	GB/T 5750.8—2023

序号	污染物项目	分析方法	标准编号
73	苯并[a]芘	水质　多环芳烃的测定　液液萃取和固相萃取高效液相色谱法	HJ 478—2009
		生活饮用水标准检验方法　第 8 部分：有机物指标	GB/T 5750.8—2023
74	多氯联苯（总量）	水质　多氯联苯的测定　气相色谱-质谱法	HJ 715—2014
75	邻苯二甲酸二（2-乙基己基）酯	水质　6 种邻苯二甲酸酯类化合物的测定　液相色谱-三重四极杆质谱法	HJ 1242—2022
76	2.4.6-三氯酚	水质　酚类化合物的测定　气相色谱-质谱法	HJ 744—2015
		水质　酚类化合物的测定　液液萃取/气相色谱法	HJ 676—2013
77	五氯酚	水质　酚类化合物的测定　气相色谱-质谱法	HJ 744—2015
		水质　酚类化合物的测定　液液萃取/气相色谱法	HJ 676—2013
78	六六六（总量）	水质　有机氯农药和氯苯类化合物的测定　气相色谱-质谱法	HJ 699—2014
79	γ-六六六（林丹）	水质　有机氯农药和氯苯类化合物的测定　气相色谱-质谱法	HJ 699—2014
80	滴滴涕（总量）	水质　有机氯农药和氯苯类化合物的测定　气相色谱-质谱法	HJ 699—2014
81	六氯苯	水质　氯苯类化合物的测定　气相色谱法	HJ 621—2011
		水质　有机氯农药和氯苯类化合物的测定　气相色谱-质谱法	HJ 699—2014
82	七氯	水质　有机氯农药和氯苯类化合物的测定　气相色谱-质谱法	HJ 699—2014
83	2,4-滴	生活饮用水标准检验方法　第 9 部分：农药指标	GB/T 5750.9—2023
84	克百威	水质　氨基甲酸酯类农药的测定　超高效液相色谱-三重四极杆质谱法	HJ 827—2017
85	涕灭威	液相色谱-紫外检测器法、液相色谱-质谱法	—
86	敌敌畏	水质　28 种有机磷农药的测定　气相色谱-质谱法	HJ 1189—2021
87	甲基对硫磷	水质　28 种有机磷农药的测定　气相色谱-质谱法	HJ 1189—2021
88	马拉硫磷	水质　28 种有机磷农药的测定　气相色谱-质谱法	HJ 1189—2021
89	乐果	水质　28 种有机磷农药的测定　气相色谱-质谱法	HJ 1189—2021
90	毒死蜱	水质　28 种有机磷农药的测定　气相色谱-质谱法	HJ 1189—2021
91	百菌清	水质　百菌清和溴氰菊酯的测定　气相色谱法	HJ 698—2014
92	莠去津	水质　阿特拉津的测定　高效液相色谱法	HJ 587—2010
93	草甘膦	水质　草甘膦的测定　高效液相色谱法	HJ 1071—2019

第 6 章　监测结果分析

污染物在土壤和地下水中的迁移转化比在其他环境介质中都要缓慢和复杂，故土壤和地下水的自行监测属于预防预警监测。重点监管单位或社会化检测机构在开展监测过程中，不能单纯只通过监测结果是否超标来判断企业是否需要启动相应的处理措施，而需要结合企业生产情况，对监测数据进行全面系统的趋势分析，才能及时发现企业重点设施设备或场所可能存在的问题。本章对土壤和地下水监测数据的趋势分析和异常情况判断的常见方法进行了梳理。相关人员可参考本章的内容，结合监测数据的具体情况，开展监测结果的分析，并将结果用于指导企业环境管理工作的进一步开展。

6.1　开展分析前应搜集的资料

开展监测结果分析前，应搜集相应的资料，一般包括但不限于：

1）国家或地方的建设用地土壤污染风险管控相关标准、地下水质量标准或地下水污染风险管控相关标准等。

2）企业所在区域土壤环境背景值数据、地下水功能区划或地下水本底值数据。

3）企业开展土壤和地下水自行监测以来所有的监测数据。

6.2　结果分析

6.2.1　超标情况的判断

（1）土壤

对于土壤监测结果，应对比土壤污染物浓度与《土壤环境质量　建设用地土壤污染风险管控标准（试行）》（GB 36600—2018）中第二类用地筛选值、土壤环境背景值或地方土壤污染风险管控标准，超出相应筛选值或管控标准，且超出背景值上限时，即可判定为超标。

根据《城市用地分类与规划建设用地标准》（GB 50137—2011），企业用地性质属于工业用地（M）。在《土壤环境质量　建设用地土壤污染风险管控标准（试行）》（GB 36600—2018）中，工业用地执行第二类用地的风险管控标准，故企业土壤自行监测数据的超标情况判定应基于《土壤环境质量　建设用地土壤污染风险管控标准（试行）》（GB 36600—2018）中第二类用地筛选值。根据相关定义，建设用地土壤污染风险筛选值是指在特定土地利用方式下，建设用地土壤中污染物含量等于或者低于该值的，对人体健康的风险可以忽略；超过该值的，对人体健康可能存在风险，应当开展进一步的详细调查和风险评估，确定具体污染范围和风险水平。故土壤监测结果超出筛选值时，即说明企业所在区域土壤中的污染物浓度已达到了可能对人体健康造成风险的水平，需要采取进一步的措施。

但应注意的是，在某些区域，部分污染物（如砷、钴、钒等）的地球化学背景值即超过了《土壤环境质量　建设用地土壤污染风险管控标准（试行）》（GB 36600—2018）中的第二类用地筛选值，在这些地区不宜继续采用筛选值作为监测数据是否超标的评定依据，故《土壤环境质量　建设用地土壤污染风险管控标准（试行）》（GB 36600—2018）也在其附录 A 中列举了我国各主要类型土壤中砷、钴、钒的背景值，供高背景值区域的企业作为监测结果的参考。但由于我国地域辽阔，不同区域的重金属地球化学背景值有很大差异，《土壤环境质量　建设用地土壤污染风险管控标准（试行）》（GB 36600—2018）的附录 A 仍无法覆盖污染物在全国尺度范围内所有区域的背景值，故 2021 年，生态环境部发布了《区域性土壤环境背景含量统计技术导则（试行）》（HJ 1185—2021），指导地方自主开展区域性的土壤环境背景含量统计工作，企业所在地已依据《区域性土壤环境背景含量统计技术导则（试行）》（HJ 1185—2021）完成区域性土壤环境背景含量统计的，也可将监测数据与区域性土壤环境背景含量统计结果进行对比。

另外，很多省市在《土壤环境质量　建设用地土壤污染风险管控标准（试行）》（GB 36600—2018）发布以后，也根据地方情况制定或修订了所辖区域的土壤污染风险筛选值，补充了《土壤环境质量　建设用地土壤污染风险管控标准（试行）》（GB 36600—2018）中未涉及的一些污染物或对《土壤环境质量　建设用地土壤污染风险管控标准（试行）》（GB 36600—2018）涉及的污染物设置了更严格的筛选标准，如河北省《建设用地土壤污染风险筛选值》（DB13/T 5216—2022）、深圳市《建设用地土壤污染风险筛选值和管制值》（DB4403/T 67—2020）、江西省《建设用地土壤污染风险管控标准（试行）》（DB36/ 1282—2020）、《辽宁省污染场地风险评估筛选值（试行）》（辽环综函〔2020〕364 号）、《四川省建设用地土壤污染风险管控标准》（DB51/2978—2023）等。已发布地方土壤污染风险管控标准的省市，其重点监管单位还应对比监测数据是否超过地方土壤污染风险管控标准。

（2）地下水

对于地下水监测结果，应对比地下水中污染物浓度与该地区地下水功能区划在《地下水质量标准》（GB/T 14848—2017）中对应的限值或地方生态环境部门判定的该地区地下水环境本底值。如地下水超标指标数值不高于其背景值上限，可判定超标主要是受地质背景影响；反之可判定主要受人为因素影响。地下水环境本底值的判定工作可根据生态环境部《地表水和地下水环境本底判定技术规定（暂行）》（环办监测函〔2019〕895 号）的相关要求开展。

《地下水质量标准》（GB/T 14848—2017）是依据我国地下水水质状况和人体

健康风险，参照生活饮用水和工业、农业等用水水质要求，依据各组分含量高低（pH 除外）确定的标准，是一套基于地下水用途的环境质量标准，其中 I 类地下水化学组分含量低，适用于各种用途；II 类地下水化学组分含量较低，适用于各种用途；III类地下水化学组分含量中等，主要适用于集中式生活饮用水水源及工农业用水；IV类地下水化学组分含量较高，以农业和工业用水质量要求以及一定水平的人体健康风险为依据，适用于农业和部分工业用水，适当处理后可作生活饮用水；V 类地下水化学组分含量高，不宜作为生活饮用水水源，其他用水可根据使用目的选用。若企业所在地区的地下水功能区划已经确定的，按照其地下水功能确定应执行的地下水水质标准。

6.2.2　与前次监测结果的对比

地下水各点位污染物监测值与该点位前次监测值对比情况可通过监测结果上升率进行计算，计算方法示例如下：

$$R = \frac{C_1 - C_2}{C_2} \times 100\% \tag{6-1}$$

式中：R —— 监测结果上升率，量纲一；

C_1 —— 单一污染物本次监测值，mg/L 或 μg/L；

C_2 —— 单一污染物上次监测值，mg/L 或 μg/L。

其中 C_1 与 C_2 单位应保持一致。

所有污染物监测指标应分别进行计算。若某监测指标计算出的 R 为正值且大于 30%的，原则上应视为该污染物在地下水中存在上升趋势。

6.2.3　趋势分析

地下水各点位污染物监测值的趋势分析一般采用斜率检验（线性回归）进行，在监测频次较高且监测数据不符合线性分布的监测点位，也可以采用 Mann-Kendall 检验、Cox-Stuart 检验等统计方法进行趋势分析。

（1）斜率检验

斜率法的原理是使用最小二乘等方法对时序数据进行拟合，然后根据拟合成的直线的斜率 k 判断序列的数据走势，当 $k>0$ 时，则代表趋势上升；当 $k<0$ 时，则代表趋势下降。《土壤和地下水指南》（HJ 1209—2021）在其附录 C 中提供了最简单的斜率检验的分析示例。某企业内部某重点单元的关注污染物为六价铬、砷和铁，故对该单元对应的污染物地下水监测井中六价铬、砷和铁的浓度进行了定期监测，监测结果见表 6-1。

表 6-1　地下水监测井中污染物浓度监测值　　单位：mg/L

监测批次	六价铬	砷	铁
1	0.012	0.020	1.9
2	0.021	0.022	1.3
3	0.036	0.023	1.5
4	0.060	0.021	1.2
5	0.067	0.021	1.1
6	0.072	0.022	1.3

对监测数据进行趋势分析（本示例采用 Excel 的“线性趋势线”功能，也可采用其他类型趋势分析），结果如图 6-1 所示。

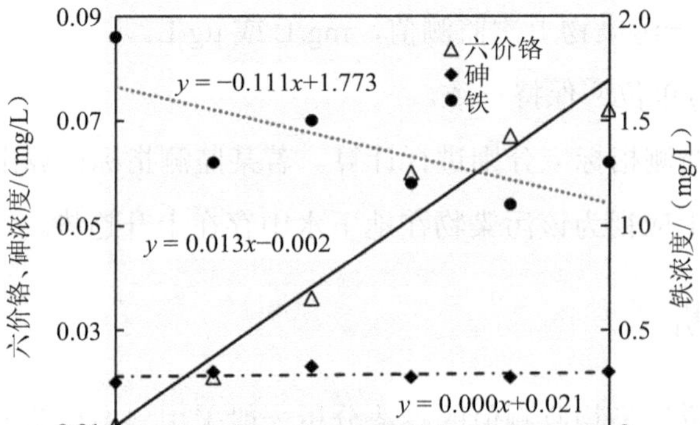

图 6-1　污染物浓度监测值变化及趋势预测

监测数据趋势分析结果表明，该企业地下水监测井中六价铬趋势线斜率（k=0.013）大于 0，说明六价铬浓度呈现上升趋势；砷趋势线斜率（k= 0.000）约等于 0，说明砷浓度值基本稳定；铁趋势线斜率（k=−0.111）小于 0，说明铁浓度呈现下降趋势。

（2）Mann-Kendall 检验

Mann-Kendall 检验的原理是通过比较每个数据点与其之前数据点的大小，来检测时间序列数据中的单调趋势（上升、下降或没有趋势）。Mann-Kendall 检验可用于分析中心趋势不稳定的时间序列，它是一个非参数检验，适用于所有的分布，但数据间不应存在序列相关性。在土壤和地下水自行监测中，Mann-Kendall 检验建议用于时间序列上不少于 8 次监测数据的点位。

Mann-Kendall 检验是检验是否拒绝零假设（H_0），并接受替代假设（H_1）：

H_0：监测数据没有趋势；

H_1：监测数据存在趋势（包括上升趋势与下降趋势）。

计算步骤如下：

①将数据按采样时间列出：x_1，x_2，…，x_n，即分别在时间 1，2，…，n 得到的数据。

②通过式（6-2）计算检验统计量 S：

$$S=\sum_{i=1}^{n-1}\sum_{j=i+1}^{n}\operatorname{sgn}(x_j-x_i) \tag{6-2}$$

式中，x_i、x_j 分别为第 i、j 时间序列对应的监测值，且 $i<j$。sgn（x）是符号函数：

$$\operatorname{sgn}(x)=\begin{cases}1 & \text{if} \quad x>0\\ 0 & \text{if} \quad x=0\\ -1 & \text{if} \quad x<0\end{cases} \tag{6-3}$$

③当 $n\geqslant 8$ 时，统计量 S 近似服从正态分布且均值为 E（S）=0，通过式（6-4）计算方差 Var（S）：

$$\mathrm{Var}(S)=\frac{n(n-1)(2n+5)-\sum_{i=1}^{n}t_i(i-1)(2i+5)}{18} \tag{6-4}$$

④进一步得到标准化后的检验统计量 Z：

$$Z=\begin{cases}\dfrac{S-1}{\sqrt{\mathrm{Var}(S)}} & \text{if} \quad S>0\\ 0 & \text{if} \quad S=0\\ \dfrac{S+1}{\sqrt{\mathrm{Var}(S)}} & \text{if} \quad S<0\end{cases} \tag{6-5}$$

⑤趋势判断：若 $Z>0$，表示监测结果在上升趋势，反之则存在下降趋势。也可给定显著性水平 α，一般可设置 α=0.1（置信度 90%）或 α=0.05（置信度 95%），若$|Z|\geqslant Z_{1-\alpha/2}$，则原假设 H_0 不可接受，该监测结果序列在置信水平 α 上表现为显著趋势，反之，则原假设成立，表示该监测结果序列趋势不明显。

案例：某企业长期开展自行监测，共获取了 11 个批次的监测数据，如表 6-2 所示，依据表中数据利用 Mann-Kendall 检验开展趋势分析。

表 6-2　某企业某一地下水监测井连续多批次自行监测数据

监测批次	pH	六价铬/（mg/L）	砷/（mg/L）	铁/（mg/L）
1	7.09	0.091	0.024	1.22
2	7.01	0.081	0.016	1.11
3	7.11	0.057	0.024	1.71
4	6.73	0.016	0.027	1.18
5	7.24	0.048	0.016	1.01
6	6.90	0.040	0.022	1.06
7	7.07	0.031	0.020	1.18
8	7.31	0.041	0.020	1.44
9	7.96	0.039	0.032	1.49
10	7.75	0.013	0.023	1.05
11	7.61	0.025	0.015	1.17

使用 Excel，Python，R 或 XLSTAT 等软件均可对数据进行趋势分析，下边以 pH 为例，给出基于 Excel 的计算过程（图 6-2）。

	A	B	C	D	E	F	G	H	I	J	K	L
1		7.09	7.01	7.11	6.73	7.24	6.9	7.07	7.31	7.96	7.75	7.61
2	7.09		-0.08	0.02	-0.36	0.15	-0.19	-0.02	0.22	0.87	0.66	0.52
3	7.01			0.1	-0.28	0.23	-0.11	0.06	0.3	0.95	0.74	0.6
4	7.11				-0.38	0.13	-0.21	-0.04	0.2	0.85	0.64	0.5
5	6.73					0.51	0.17	0.34	0.58	1.23	1.02	0.88
6	7.24						-0.34	-0.17	0.07	0.72	0.51	0.37
7	6.9							0.17	0.41	1.06	0.85	0.71
8	7.07								0.24	0.89	0.68	0.54
9	7.31									0.65	0.44	0.3
10	7.96										-0.21	-0.35
11	7.75											-0.14
12	7.61											

图 6-2　基于 Excel 的趋势分析界面

①将数据放置于 Excel 首行首列。

②计算数据之间的差值。具体步骤为：C2=C\$1−\$A2，D2=D\$1−\$A2，D3=D\$1−\$A3……依次填充。选择：开始-条件格式-突出显示单元格规则-重复值，以找出数据中的重复值。使用 COUNTIF 函数计算差值中正值和负值的个数，计算得统计量 S=27。

③计算方差 Var（S）：

$$\mathrm{Var}(S)=\frac{11\times(11-1)(2\times 11+5)-\sum_{i=1}^{4}t_i(t_i-1)(2t_i+5)}{18}=2\,898$$

④标准化后的检验统计量 Z：

$$Z=\frac{27-1}{\sqrt{2\,898}}=0.48$$

⑤趋势判断：Z=0.48＞0，表示监测结果存在上升趋势。在显著性水平 α=0.05（置信度 95%）时，$Z_{1-\alpha/2}$ 为 1.65。在显著性水平 α=0.1（置信度 90%）时，$Z_{1-\alpha/2}$ 为 1.28。由于|Z|均小于 $Z_{1-\alpha/2}$，故原假设 H_0 成立，该监测结果序列趋势不明显。

采用同样方法对其他数据进行分析，结果如表 6-3 所示。

表 6-3 Mann-Kendall 地下水监测指标变化趋势检验结果

pH		六价铬		砷		铁	
Z 值	趋势	*Z* 值	趋势	*Z* 值	趋势	*Z* 值	趋势
0.48	上升	−0.643	下降	−0.120	下降	−0.06	不变

监测数据趋势分析结果表明，该地下水监测井中 pH 的 Z 值大于 0，说明长期监测呈现上升趋势；铁浓度 Z 值约等于 0，说明浓度基本稳定；六价铬和砷浓度 Z 值小于 0，说明二者呈现下降趋势。

（3）Cox-Stuart 检验

Cox-Stuart 检验是一种不依赖趋势结构的快速判断趋势是否存在的方法，该方法的理论基础是符号检验，即通过两个相关样本的每对数据之差的符号进行检验，从而比较两个样本的显著性。

与 Mann-Kendall 检验类似，Cox-Stuart 检验同样是检验是否拒绝零假设（H_0），并接受替代假设（H_1）：

H_0：监测数据没有趋势；

H_1：监测数据存在上升趋势。

计算步骤如下：

①将数据按采样时间列出：x_1，x_2，…，x_n，即分别在时间 1，2，…，n 得到的数据。

②计算变量序列 x_1，x_2，…，x_n 中第 i 位置与 $i+c$ 位置上变量值的差 d_i：

$$d_i = x_i - x_{i+c} \tag{6-6}$$

其中，当 n 为偶数时，$c=n/2$；当 n 为奇数时，$c=(n+1)/2$。

③对差值 d_i 作符号检验：记 n^+ 为正的 d_i 的数目，n^- 为负的 d_i 的数目，令检验统计量 $K=n^-$，检验值 $P(K\leqslant k)$ 计算如下：

$$P(K\leqslant k) = 2^{-n}\sum_{i=0}^{k} C_n^i \tag{6-7}$$

④趋势判断：给定显著性水平 α，一般可设置 α=0.1（置信度 90%）或 α=0.05

（置信度 95%），P 值小于 α 则拒绝原假设，可以认为监测数据有升高趋势；反之维持原假设，认为监测数据没有趋势。

案例：某企业长期开展自行监测，共获取了 15 个批次的监测数据，如表 6-4 所示，依据表中数据利用 Cox-Stuart 检验开展趋势分析。

表 6-4　某企业某一地下水监测井连续多批次自行监测数据　　单位：mg/L

批次	铁	批次	铁	批次	铁
1	0.18	6	0.22	11	0.19
2	0.26	7	0.15	12	0.11
3	0.23	8	0.21	13	0.12
4	0.20	9	0.11	14	0.15
5	0.17	10	0.15	15	0.13

计算步骤如下：

①按照年份依次列出比重数据：x_1，x_2，x_3，…，x_{15}，即在第 1 批次至第 15 批次分别得到的数据。

②计算变量序列中第 i 位置与 $i+c$ 位置上变量值的差：

将变量进行配对，n=15，n 为奇数，故 c=（n+1）/2=8，得到 $n-c$=7 个对了，每对数据的差值分别为

$$x_1-x_9=0.18-0.11=0.07>0;\ x_2-x_{10}=0.26-0.15=0.11>0;$$

$$x_3-x_{11}=0.23-0.19=0.04>0;\ x_4-x_{12}=0.20-0.11=0.09>0;$$

$$x_5-x_{13}=0.17-0.12=0.05>0;\ x_6-x_{14}=0.22-0.15=0.07>0;$$

$$x_7-x_{15}=0.15-0.13=0.02>0$$

③对差值作符号检验：

记差值为正的数目为 n^+，差值为负的数目为 n^-，可得 n^+=7，n^-=0。

检验统计量 $K=\min\{n^+, n^-\}=n^-=0$。

在零假设下，K 应服从二项分布 B（7，0.5）。

因此，检验值计算如下：

$$P（K\leqslant k）=P（K\leqslant 0）=\frac{1}{2^7}\times\sum_{i=0}^{k}C_7^i=\frac{1}{2^7}=0.007\ 8$$

④趋势判断：显著性水平 α=0.05（置信度 95%），由于 P 值小于 α，故拒绝原假设，可以认为数据存在下降趋势。

6.2.4 关注污染物的检出情况

企业关注污染物在土壤和地下水环境中一旦检出，即说明企业的生产可能已经对土壤或地下水环境造成了影响。故土壤或地下水中关注污染物检出情况应在报告中进行说明。

但应注意的是，大部分重金属（六价铬除外）具有自然背景，多环芳烃和石油烃等有机污染物具有自然或人为的多种来源，并不一定完全来自企业生产，需要仔细甄别，关注污染物检出但不由该企业生产活动造成的判别及说明方法见本书 6.3.2。

6.3 加密监测

6.3.1 异常情况

在结果分析完成后，根据《土壤和地下水指南》的规定，当有点位出现下列任一种情况时，该点位监测频次应至少提高 1 倍，直至至少连续 2 次监测结果均不再出现下列情况，方可恢复原有监测频次；经分析污染可能不由该企业生产活动造成时除外，但应在监测结果分析中一并说明：

1）土壤污染物浓度超过《土壤环境质量 建设用地土壤污染风险管控标准（试行）》（GB 36600—2018）中第二类用地筛选值、土壤环境背景值或地方土壤污染风险管控标准；

2）地下水污染物浓度超过该地区地下水功能区划在《地下水质量标准》

（GB/T 14848—2017）中对应的限值或地方生态环境部门判定的该地区地下水环境本底值；

3）地下水污染物监测值高于该点位前次监测值 30%以上；

4）地下水污染物监测值连续 4 次以上呈上升趋势。

举例：企业 A 在 2022 年的自行监测中发现某一类单元（原表层土壤监测频次每年 1 次，地下水监测频次每半年 1 次）地下水中砷浓度超标，2023 年，企业把该单元对应的表层土壤监测频次提升至每半年 1 次，地下水监测频次提升至每季度 1 次，均未发现问题，此时企业完成了土壤连续 2 次，地下水连续 4 次的监测，满足《土壤和地下水指南》中“直至至少连续 2 次监测结果均不再出现异常情况”的要求，故 2024 年起，企业可继续执行与 2022 年相同的监测频次，即表层土壤监测频次每年 1 次，地下水监测频次每半年 1 次。

6.3.2 污染来源分析

在连续的土壤和地下水自行监测中，同一点位污染物的监测值会产生波动和变化，这种变化不一定由企业生产造成，而可能受自然因素、人为因素、采样误差和自然波动等多种因素的影响。不由该企业生产活动造成污染的常见情况如下：

（1）自然因素

土壤的生成来自成土母岩。成土母岩是地表岩石经风化作用破碎后所形成疏松的碎屑，是形成土壤的基本原始物质。母岩在自然成土过程中，岩石中的重金属进入土壤并在其中重新分配，这是土壤中重金属的主要来源，一般而言，《土壤环境质量 建设用地土壤污染风险管控标准（试行）》（GB 36600—2018）中涉及的砷、镉、铬、铜、铅、汞、镍、锑、铍、钴、钒等重金属在土壤中都有分布，这一分布称为地球化学背景。大气降水从地表渗入补给地下水的过程中，会与土壤发生相互作用，故地下水中同样存在地球化学背景。

除重金属外，部分半挥发性有机物也存在自然因素导致的环境分布，如多环芳烃自然源主要来自天然火灾、火山喷发以及陆地、水生植物和微生物的生物合成过程，故其在土壤、水体、沉积物中均可能有所分布。

（2）人为因素

对土壤而言，企业外的人为污染一般可能由下列因素造成：

①大气沉降污染：挥发性有机物和半挥发性有机物可附着在气溶胶上或者以气态形式，随着大气的流动进行中远距离的输送，并通过化学反应、降尘、降雨、降雪等过程进入土壤及水体中，大气沉降的污染特征一般表现为表层土壤污染。

②杂填污染：在企业建设过程中，可能使用杂填土平整地面，杂填土来源广泛，多含有建筑垃圾、工业废料或生活垃圾等杂质，故杂填土也是污染的潜在来源之一，杂填污染的特征一般表现为污染纵向分布与杂填层高度相关。

③地下水迁移造成的污染：如果企业周边的地下水存在污染，污染会随地下水运移迁移并对接触到地下水的土壤层造成污染。地下水迁移造成的污染特征一般表现为污染纵向分布与含水层高度相关。

对地下水而言，企业外的人为污染一般可能由下列因素造成：

①企业所在区域的地下水整体存在污染。此类情况可通过对比所有监测点位的监测值，如果是区域性的污染，一般所有点位的监测值相差不大，如果有部分监测点位中的监测值明显高于背景点或其他监测点位，则大概率不由区域性污染造成，而来自企业生产或企业周边污染源的迁移。

②企业周边的污染源产生的地下水污染，随地下水运移影响企业下方含水层。此类情况可对比污染物监测井中的监测值是否远高于背景点监测井，并排查监测值高的点位对应的监测单元中，是否确实涉及该物质的较大量使用并具有潜在的污染途径。

（3）采样误差和自然波动

即使没有自然因素和人为因素的影响，监测值仍有可能受到采样误差和自然波动的影响而产生变化，尤其是当检出污染物的浓度值较低时，采用式（6-1）进行计算的结果极有可能超出30%的阈值，这种情况可通过如下手段判断：

①监测结果是否远低于相应标准中的限值。

②地下水长期监测结果开展上升趋势检验后认为无上升趋势。

③排查异常点位是否存在泄漏途径。

若污染物检出浓度很低（不超过相应标准的 20%），趋势检验结果认为长期监测无上升趋势，且经排查异常点位确实未见存在泄漏途径的，可视为采样误差或自然波动造成的异常。

第 7 章　质量保证与质量控制

监测质量保证与质量控制是提高监测结果质量的重要保障，是监测过程的重中之重，同时涉及监测过程各方面内容。本章立足现有经验，对土壤和地下水监测应关注的重点内容、质控要点进行梳理，提供了经验性的参考，但仍难以做到面面俱到。重点监管单位或社会化检测机构在开展污染源监测过程中，可参考本章的内容，结合自身实际情况，制定切实有效的监测质量保证与质量控制方案，提高监测数据质量。

7.1　基本概念

监测质量保证和质量控制是环境监测过程中的两个重要概念。《环境监测质量管理技术导则》（HJ 630—2011）中这样定义：质量保证是指为了提供足够的信任表明实体能够满足质量要求，而在质量体系中实施并根据需要证实的全部有计划和有系统的活动。质量控制是指为了达到质量要求所采取的作业技术或活动。

采取质量保证的目的是获取他人对质量的信任，是为使他人确信某实体提供的数据、产品或者服务等能满足质量要求而实施的并根据需要进行证实的全部有计划、有系统的活动。质量控制则是通过监视质量形成过程，消除生产数据、产品或者提供服务的所有阶段中可能引起不合格或不满意效果的因素，使其达到质量要求而采用的各种作业技术和活动。

环境监测的质量保证与质量控制，是依靠系统的文件规定来实施的内部的技术和管理手段。它们既是生产出符合国家质量要求的检测数据的技术管理制度和活动，也是一种“证据”，即向任务委托方、环境管理机构和公众等表明该检测数据是在严格的质量管理中完成的，具有足够的管理和技术上的保证手段，数据是准确可信的。

7.2 建立质量体系

证明数据质量可靠性的技术管理制度与活动可以千差万别，但是也有其共同点。为了实现质量保证和质量控制的目的，往往需要建立一套并保证有效运行的质量体系。它应覆盖环境检测活动所涉及的全部场所、所有环节，以使检测机构的质量管理工作程序化、文件化、制度化和规范化。

建立一个良好运行的质量体系，对于专业的向政府、企事业单位或者个人提供排污情况监测数据的社会化检测机构，按照国家的《检验检测机构资质认定管理办法》（质检总局令 第 163 号）和《检验检测机构资质认定 生态环境监测机构评审补充要求》（国市监检测〔2018〕245 号）等要求建立并运行质量体系是必要的。如果检测实验室仅为排污单位内部提供数据，质量管理活动的目的则是为本单位管理层、环境管理机构和公众提供证据，证明数据准确可信，质量手册需记录有利于检测实验室数据质量得到保证的一些程序性规定（如实验室具体分析工作的实施流程、数据质量相关的管理流程等的详细规定，具体方法或设备使用的指导性详细说明，数据生产过程和监督数据生产需使用的各种记录表格等）。

建立质量体系不等于需要通过资质认定。质量体系的繁简程度与检测实验室的规模、业务范围、服务对象等密切相关，有时还需要根据业务委托方的要求修改完善质量体系。质量体系一般包括质量手册、程序文件、作业指导书和记录。有效的质量控制体系应满足“对检测工作进行全面规范，且保证全过程留痕”的基本要求。

7.2.1 质量手册

质量手册是检测实验室质量体系运行的纲领性文件，阐明检测实验室的质量目标，描述检测实验室全部检测质量活动的要素，规定检测质量活动相关人员的责任、权限和相互之间的关系，明确质量手册的使用、修改和控制的规定等。质量手册至少应包括批准页、自我声明、授权书、检测实验室概述、检测质量目标、组织机构、检测人员、设施和环境、仪器设备和标准物质，以及检测实验室为保证数据质量所作的一系列规定等。

1）批准页：批准页的主要内容是介绍编制质量体系的目的以及质量手册的内容，并由最高管理者批准实施。

2）自我声明：检测实验室关于独立承担法律责任、遵守《中华人民共和国计量法》和监测技术标准规范等相关法律法规、客观出具数据等承诺。

3）授权书：检测实验室有多种情形需要授权，包括但不限于在最高管理者外出期间，授权给其他人员替其行使职权；最高管理者授权人员担任质量负责人、技术负责人等关键岗位；授权检测实验室的大型贵重仪器的人员使用等。

4）检测实验室概述：简单介绍检测实验室的地理位置、人员构成、设备配置概况、隶属关系等信息。

5）检测质量目标：检测质量目标即定量描述检测工作所达到的质量。

6）组织机构：明确检测实验室与检测工作相关的外部管理机构的关系，与本单位中其他部门的关系，完成检测任务相关部门之间的工作关系等，通常以组织机构框图的方式表明。与检测任务相关的各部门的职责应予以明确和细化。例如，可规定检测质量管理部具有下列职责：

①牵头制订检测质量管理年度计划并监督实施，编制质量管理年度总结。

②负责组织质量管理体系建设、运行管理，包括质量体系文件编制、宣贯、修订、内部审核、管理评审、质量督查、检测报告抽查、实验室和现场监督检查、质量保证和质量控制等工作。

③负责组织人员开展内部持证上岗考核相关工作。

④负责组织参加外部机构组织的能力验证、能力考核、比对抽测等各项考核工作。

⑤负责组织仪器设备检定/校准工作，包括编制检定/校准计划、组织实施和确认。

⑥负责标准物质管理工作，包括建立标准物质清册、管理标准物质样品库、标准样品的验收、入库、建档及期间核查等。

7）检测人员：包括检测岗位划分和检测人员管理两部分内容。

检测岗位划分指检测实验室将检测相关工作分为若干具体的检测工序，并明确各检测工序的职责。以检测实验室为例，岗位划分可描述为：质量负责人、技术负责人、报告签发人、采样岗位、分析岗位、质量监督人、档案管理人等。可以由同一个人兼任不同的岗位，也可以专职从事某一个岗位。但报告编制、审核和签发应为 3 个不同的人员承担，不能由一个人兼任其中的两个及以上职责。

检测人员管理部分则规定从事采样、分析等检测相关工作的人员应接受的教育、培训，应掌握的技能，应履行的职责等。以分析岗位为例，人员管理可描述为以下几个方面：

①分析人员必须经过培训，熟练掌握与本人承担分析项目有关的标准监测方法或技术规范及有关法规，且具备对检验检测结果作出评价的判断能力，经内部考核合格后持证上岗。

②熟练掌握所用分析仪器设备的基本原理、技术性能，以及仪器校准、调试、维护和常见故障的排除技术。

③熟悉并遵守质量手册的规定，严格按监测标准、规范或作业指导书开展监测分析工作，熟悉记录的控制与管理程序，按时完成任务，保证监测数据准确可靠。

④认真做好样品分析前的各项准备工作，分析样品的交接工作以及样品分析工作，确保按业务通知单或监测方案要求完成样品分析。

⑤分析人员必须确保分析选用的分析方法现行有效，分析依据正确。

⑥负责所使用仪器设备日常维护、使用和期间核查，编制/修订其操作规程、维护规程、期间核查规程和自校规程，并在计量检定/校准有效期内使用。负责做好使用、维护和期间核查记录。

⑦确保分析质控措施和质控结果符合有关监测标准或技术规范及相关规定的要求。

⑧当分析仪器设备、分析环境条件或被测样品不符合监测技术标准或技术规范要求时，监测分析人员有权暂停工作，并及时向上级报告。

⑨认真做好分析原始记录并签字，要求字迹清楚、内容完整、编号无误。

⑩分析人员对分析数据的准确性和真实性负责。

⑪校对上级安排的其他检测人员的分析原始记录。

检测实验室建立人员配备情况一览表（参考样表7-1），有助于提高人员管理效率。

表7-1 检测人员配备情况一览表（样表）

序号	姓名	性别	出生年月	文化程度	职务/职称	所学专业	从事本技术领域年限	所在岗位	持证项目情况	备注
1	张三	男	1988年8月	本科	工程师	分析化学	5年	分析岗	水和废水：化学需氧量、氨氮	质量负责人
……										

8）设施和环境：检测实验室的设施和环境条件指检测实验室配备必要的设施硬件，并建立制度保证监测工作环境适应监测工作需求。检测实验室的设施通常包括空调、除湿机、干湿度温度计、通风橱、纯水机、冷藏柜、超声波清洗仪、电子恒温恒湿箱、灭火器等检测辅助设备。至少应明确以下规定：

①防止交叉污染的规定。例如，规定检测区域应有明显标识；严格控制进入和使用影响检测质量的实验区域；对相互有影响的活动区域进行有效隔离，防止交叉污染。比较典型的交叉污染例子有：挥发酚项目的检测分析会对在同一实验

室进行的氨氮检测分析造成交叉污染的影响；在分析总砷、总铅、总汞、总镉等项目时，如果不同的样品间浓度差异较大，规定高、低浓度的采样瓶和分析器皿分别用专用酸槽浸泡洗涤，以免交叉污染。必要时，用优级纯酸稀释后浸泡超低浓度样品所用器皿等。

②对可能影响检测结果质量的环境条件，规定检测人员进行监控和记录，保证其符合相关技术要求。例如，万分之一以上精度的电子天平正常工作对环境温度、湿度有控制要求，检测实验室应有监控设施，并有记录表格记录环境条件。

③规定有效控制危害人员安全和人体健康的潜在因素。例如配备通风橱、消防器材等必要的防护和处置措施。

④对化学品、废弃物、火、电、气和高空作业等安全相关因素作出规定等。

9）仪器设备和标准物质：检测用仪器设备和标准物质是保障检测数据量值溯源的关键载体。检测实验室应配备满足检测方法规定的原理、技术性能要求的设备，应对仪器设备的购置、使用、标识、维护、停用、租借等管理作出明确规定，保证仪器设备得到合理配置、正确使用和妥善维护，提高检测数据的准确性、可靠性。例如，对于设备的配备可规定：

①根据检测项目和工作量的需要及相关技术规范的要求，合理配备采样、样品制备、样品测试、数据处理和维持环境条件所要求的所有仪器设备种类和数量，并对仪器技术性能进行科学的分析评价和确认。

②如果需要借用外单位的仪器设备，必须严格按本单位仪器设备的管理受到有效控制。建立仪器设备配备情况一览表（表 7-2）。

表 7-2　仪器设备配备情况一览表（样表）

序号	设备名称	设备型号	出厂编号	检定/校准方式	检定/校准周期	仪器摆放位置
1	电子天平	TE212L	####	检定	1 年	205 室
……						

此外，应根据检测项目开展情况配备标准物质，并做好标准物质管理。配备的标准物质应该是有证标准物质，保证标准物质在其证书规定的保存条件下贮存，建立标准物质台账，记录标准物质名称、购买时间、购买数量、领用人、领用时间和领用量等信息。

10）其他：为保证建立的质量管理体系覆盖检测的各个方面、环节，所有场所，且能持续有效地指导实施质量管理活动，还应对以下质量管理活动作出原则性的规定：

①质量体系在哪些情形下，由谁提出、谁批准同意修改等。

②如何正确使用管理质量体系各类管理和技术文件，即如何编制、审批、发放、修改、收回、标识、存档或销毁等处理各种文件。

③如何购买对监测质量有影响的服务（如委托有资质的机构检定仪器即为购买服务），以及如何购买、验收和存储设备、试剂、消耗材料。

④检测工作中出现的与相关规定不符合的事项，应如何采取措施。

⑤质量管理、实际样品检测等工作中相关记录的格式模板应如何编制，以及实际工作过程中如何填写、更改、收集、存档和处置记录。

⑥如何定期组织单位内部熟悉检测质量管理相关规定的人员，对相关规定的执行情况进行内部审核。

⑦管理层如何就内部审核或者日常检测工作中发现的相关问题，定期研究解决。

⑧检测工作中，如何选用、验证/确认检测方法。

⑨如何对现场检测、样品采集、运输、贮存、接收、流转、分析、检测报告编制与签发等检测工作全过程的各个环节都采取有效的质量控制措施，以保证检测工作质量。

⑩如何编制检测报告格式模板，实际检测工作中如何编写、校核、审核、修改和签发检测报告等。

7.2.2　程序文件

程序文件是规定质量活动方法和要求的文件，是质量手册的支持性文件，主要目的是对产生检测数据的各个环节、各个影响因素和各项工作全面规范，包括人员、设备、试剂、耗材、标准物质、检测方法、设施和环境、记录和数据录入、发布等各关键因素，明确详细地规定某一项与检测相关的工作，执行人员是谁、经过什么环节、留下哪些记录，以实现在高时效地完成工作的同时保证数据质量。

编写程序文件时，应明确每一个程序的控制目的、适用范围、职责分配、活动过程规定和相关质量技术要求，从而使程序文件具有可操作性。例如，制定检测工作程序，对检测任务的下达、检测方案的制定、采样器皿和试剂的准备，样品采集和现场检测，实验室内样品分析，以及测试原始记录的填写等诸多环节，规定分别由谁来实施以及实施过程中应该填写哪些记录，以保证工作有序开展。

档案管理也是一项涉及较多环节的工作，涉及档案产生后的暂存、收集、交接、保管和借阅、查询、使用等一系列环节，在各个细节又需要保证档案的完整性。因此，制定一个档案管理程序就显得比较重要了。这个程序可以规定档案产生人员如何暂存档案，暂存的时限是多长，档案收集由谁来负责，交给档案收集人员时应履行的手续，档案集中后由谁来负责建立编号，如何保存，借阅、查阅时应履行的手续等。

又如检测方案的制定，方案制定人员需要弄清楚的文件有环评报告中的监测章节内容、生态环境部门作出的环评批复、执行的排放标准、许可证管理的相关要求、行业涉及的自行监测指南等。在明确管理要求后所制定的检测方案，宜请熟悉环境管理、环境监测、生产工艺和治理工艺的专业人员对方案进行审核把关，既有利于保证检测内容和频次等满足管理要求，又避免不必要的人力、物力浪费。

一般来说，检测实验室需制定的程序性规定应包括人员培训程序、检测工作程序、设备管理程序、标准物质管理程序、档案管理程序、质量管理程序、服务和供应品的采购和管理程序、内务和安全管理程序、记录控制与管理程序等。

7.2.3 作业指导书

作业指导书是指特定岗位工作或活动应达到的要求和遵循的方法。对于下列情形往往需要检测机构制定作业指导书：

①标准检测方法中规定可采取等效措施，而检测机构又确实采取了等效措施。

②使用非母语的检测方法。

③操作步骤复杂的设备。

作业指导书应写得尽可能具体，且语言简洁不令人产生歧义，以保证各项操作的可重复。

7.2.4 记录

记录包括质量记录和技术记录。质量记录是质量体系活动产生的记录，如内审记录、质量监督记录等；技术记录是各项监测工作所产生的记录，如《pH 分析原始记录表》《废水流量监测记录（流速仪法）》。记录是保证从检测方案的制定开始，到样品采集、样品运输和保存、样品分析、数据计算、报告编制、数据发布的各个环节留下关键信息的凭证，证明数据生产过程满足技术标准和规范要求的基础。检测实验室的记录既要简洁易懂，也要信息量足够让检测工作重现。这就要求认真学习国家的法律法规等管理规定和技术标准规范，了解必须记录备查的关键信息，在设计记录表格样式时予以考虑。例如对于样品采集，除采样时间、地点、人员等基础信息，还应包括检测项目、样品表观（定性描述颜色、悬浮物含量）、样品气味、保存剂的添加情况等信息。对于具体的某一项污染物的分析，需要记录分析方法名称及代码、分析时间、分析仪器的名称型号、标准/校准曲线的信息、取样量、样品前处理情况、样品测试的信号值、计算公式、计算结果以及质控样品分析结果等。

7.3 自行监测质控要点

自行监测的质量控制，既要考虑人员、设备、监测方法、试剂耗材等关键因素，也要重视设施环境等影响因素。每一项检测任务都应有足够证据表明其数据质量可信，在制定该项检测任务实施方案的同时，制定一个质控方案，或者在实施方案中有质量控制的专门章节，明确该项工作应针对性地采取哪些措施来保证数据质量。自行监测工作中，监测方案应包含自行监测点位，项目和频次，采样、制样和分析执行哪些技术规范等信息，并通过生态环境部门审查；日常监测工作中，需要落实负责现场监测和采样、制样和分析样品、报告编制工作的具体人员，以及应采取的质控措施。应采取的质控措施可以是一个专门的方案，规定承担采样、制样和分析样品的人员应该具有的技能（如经过适当的培训后持有上岗证），各环节的执行人员应该落实哪些措施来自证所开展工作的质量，质量控制人员应该如何查证各环节执行人员工作的有效性等。通常来说，质控方案就是保证数据质量所需要满足的人员、设备、监测方法、试剂耗材和环境设施等的共性要求。

7.3.1 人员

人员技能水平是自行监测质量的决定性因素，因此检测机构制定的规章制度性文件中，要明确规定不同岗位人员应具有的技术能力。例如，应该具有的教育背景、工作经历、胜任该工作应接受的再教育培训，并以考核方式确认是否具有胜任岗位的技能。对于人员适岗的再教育培训，如掌握行业相关的政策法规、标准方法、操作技能等，由检测机构内部组织或者参加外部培训均可。适岗技能考核确认的方式也是多样化的，如笔试、提问、操作演示、实样测试、盲样考核等。不论采用哪一种培训、考核方式，都应有记录来证实工作过程。例如，内部培训应至少有培训教材、培训签到表，外部培训应有会议通知、培训考核结果证明材料等。需要注意对于口头提问和操作演示等考核方式，也应该有记录，如口头提问的记录信息至少包括考核者姓名、提问内容、被考核者姓名、回答要点以及对于考核结果的评价；操作演示考核的记录信息至少包括考核者姓名、要求考核演示的内容、被考核者姓名、演示情况的概述以及评价结论。在具体执行过程中，切忌人员技能培训走过场，杜绝出现徒有各种培训考核记录但人员技能依然不高的窘境。例如，某厂自行监测厂界噪声的原始记录中，背景值仅为 30 dB（A），暴露出监测人员对仪器性能和环境噪声缺乏基本的认知；林格曼黑度测试 30 min 只有一个示值读数，反映出监测人员基础知识的欠缺。

7.3.2 仪器设备

监测设备是决定数据质量的另一关键因素。2015 年 1 月 1 日开始施行的《中华人民共和国环境保护法》第二章第十七条明确规定：监测机构应当使用符合国家标准的监测设备，遵守监测规范。所谓符合国家标准，首先应根据质量标准规定的监测方法选用监测设备，也就是仪器的测定原理、检测范围、测定精密度、准确度以及稳定性等满足方法的要求；其次，设备应根据国家计量的相关要求和仪器性能情况确定检定/校准，列入《中华人民共和国强制检定的工作计量器具目录》或有检定规程的仪器应送有资质的单位进行检定。属于非强制检定的仪器与设备可以送有资质的计量检定机构进行校准，无法送去检定或者送去校准的仪器设备，应由仪器使用单位自行溯源，即自己制定校准规范，对部分计量性能或参数进行检测，以确认仪器性能准确、可靠。

对于投入使用的仪器，要确保其规范使用。应明确规定仪器设备如何使用、维护、维修和性能确认。例如，编写仪器设备操作规程（仪器操作说明书）和维护规程（仪器维护说明书），以保证使用人员能够正确使用或者维护仪器。与采样和监测结果的准确性和有效性相关的仪器设备，在投入使用前，必须进行量值溯源，即用前述的检定、校准或者自校手段确认仪器性能。对于送到有资质的检定或者校准单位的仪器，收到设备的检定或者校准证书后，应查看检定/校准单位实施的检定/校准内容是否符合实际的检测工作要求。例如，配备有多个传感器的仪器，检测工作需要使用的传感器是否都得到了检定；对于有多个量程的仪器，其检定或者校准范围是否满足日常工作需求。对于仪器的检定、校准或者自校，并不是一劳永逸的，应根据国家的检定/校准规程或者使用说明书要求，周期性地定期实施检定/校准或者自校，保持仪器在检定/校准或者自校有效期内使用，且每次监测前，都要使用分析标准溶液、标准气体等方式确认仪器量值，在证实其量值持续符合相应技术要求后使用。此外，应规定仪器设备的唯一性标识、状态标识，避免误用。仪器设备的唯一性标识可以是仪器的出厂编码，也可以是检测单位根据自行制定的规则编写的代码。

仪器的相关记录应妥善保存。建议给检测仪器建立“一仪一档”。档案的目录包括仪器说明书、仪器验收技术报告、仪器的检定/校准证书或者自校原始记录和报告，仪器的使用日志、维护记录、维修记录等，建议档案一年归档一次，以免遗失。应特别注意及时、如实填写仪器使用日志，切忌事后补记，否则不实的仪器使用记录会影响数据是否真实的判断。应建立制度规范，明确在必须对原始记录修改时应如何修改，避免原始记录被误改。

7.3.3 监测方法

规范使用监测方法，优先使用被监测对象适用的污染物排放标准中规定的监测方法。若有新发布的标准方法替代排放标准中指定的监测方法，应采用新标准。若新发布的监测方法与排放标准指定的方法不同，但适用范围相同，也可使用。

正确使用监测方法。土壤和地下水监测所使用的方法包括国家标准方法和国务院行业部门以文件、技术规范等形式发布的标准方法，特殊情况下也会用等效分析方法。为此，检测机构或者实验室往往需要根据方法的来源确定应实施方法验证还是方法确认，其中方法验证适用于国家标准方法和国务院行业部门以文件、技术规范等形式发布的方法，方法确认适用于等效分析方法。为确保正确使用监测方法，检测机构仅仅实施了方法验证是不够的，还需要要求使用该监测方法的每个人员用该方法获得的检出限、空白、回收率、精密度、准确度等各项指标均满足方法性能的要求，方可认为检测人员掌握了该方法，才算为正确使用监测方法奠定了基础。当然，并非每次检测工作中均需要对方法进行验证。一般认为，初次使用标准方法前，应验证能够正确运用标准方法；标准方法发生了变化，应重新予以验证。

通常而言，方法验证至少应包括以下 6 个方面的内容：

①人员：人员的技能是否及时更新、满足方法要求；人员数量是否满足工作要求。

②设备：设备性能是否满足方法要求；是否需要添置前处理设备等辅助设备；设备数量是否满足要求。

③试剂耗材：方法对试剂种类、纯度等的要求；数量是否满足；是否建立了购买使用台账。

④环境设施条件：方法及其所用设备是否对温度湿度有控制要求；环境条件是否得到监控。

⑤方法技术指标：使用日常工作所用的标准和试剂做方法的技术指标，如校准曲线、检出限、空白、回收率、精密度、准确度等，是否均达到了方法要求。

⑥技术记录：日常检测工作须填写的原始记录格式是否包含了足够的关键信息。

7.3.4 试剂耗材

规范使用标准物质有以下注意事项：

①应优先考虑使用国家批准的有证标准样品，以保证量值的准确性、可比性与溯源性。

②选用的标准样品与预期检测分析的样品，尽可能在基体、形态、浓度水平等性状方面接近。其中，基体匹配是需要重点考虑的因素，因为只有使用与被测样品基体相匹配的标准样品，在解释试验结果时才较少遇到困难或没有困难。

③应特别注意标准样品证书中所规定的取样量与取样方法。证书中规定的固

体最小取样量、液体稀释办法等是测量结果准确性和可信度的重要影响因素，应严格遵守。

④应对标准物质进行核查或期间核查，并按照程序要求，安全处置、运输、存储和使用标准物质，以防止污染或损坏，确保其完整性。应建立标准样品使用情况记录台账。有些标准样品有特殊的储存条件要求，应根据标准样品证书规定的储存条件保存标准样品，并在标准样品的有效期内使用，否则可能会影响标准样品量值的准确性。

严格按照方法要求购买和使用试剂/耗材。每个方法都规定了试剂的纯度，需要注意的是，市售的与方法要求的纯度一致的试剂，不一定就能满足方法的使用要求，对数据结果有影响的试剂、新购品牌或者产品批次不一致时，在正式用于样品分析前应进行空白样品试验，以验证试剂质量是否满足工作需求。对于试剂纯度不满足方法需求的情形，应购买更高纯度的试剂或者由分析人员自行净化。比较典型的案例是分析水中苯系物的二硫化碳，市售分析纯二硫化碳往往需要实验室自行重蒸，或者购买优级纯才能满足方法对空白样品的要求；与此类似的还有分析重金属的盐酸、硝酸等，采用分析纯的酸往往会导致较高的空白值和背景值，建议筛选品质可靠的优级纯酸。

牢记试剂/耗材有使用寿命。对于试剂，尤其是已经配制好的试剂，应注意遵守检测方法中对试剂有效期的规定。若没有特殊规定，建议参考执行《化学试剂 标准滴定溶液的制备》（GB/T 601—2016）中关于标准滴定溶液有效期的规定，即常温（15～25℃）下保存时间不超过 2 个月。应特别注意表观不会被磨损类耗材的质保期，如定电位电解法的传感器、pH 计的电极等，这些仪器的说明书中明确规定了传感器或者电极的使用次数或者最长使用寿命，应严格遵守，以保证量值的准确性。

7.3.5　数据处理

数据的计算和报出也可能会发生失误，应高度重视。已经完成的测定结果，还应注意计量单位是否正确，最好由熟悉该项目的工作人员校核，各项目结果汇总后，有专人进行数据审核后发出。录入电脑或者信息平台时，注意检查是否有小数点输入的错误。

完备的质量控制体系运行离不开有效的质量监督。检测机构或者实验室应设置覆盖其检测能力范围的监督员，这些监督员可以是专职的，也可以是兼职的。但不论是哪种情形，监督员应该熟悉检测程序、方法，并能够评价检测结果，发现可能的异常情况。为了使质量监督达到预期效果，最好在年初就制订监督计划，明确监督人、被监督对象、被监督的内容、被监督的频次等。通常情况下，新进上岗人员、使用新分析方法或者新设备等情况应受到有效监督。监督的情况应以记录的形式予以妥善保存。此外，检测机构或者实验室应定期总结监督情况，编写监督报告，以保证质量体系中的各标准、规范和质量措施等切实得到落实。

第 8 章　监测信息记录、报告编制及监测管理

土壤和地下水自行监测报告的编制和报送是相关法律法规的要求，是排污许可制度实施的重要内容，也是土壤污染重点监管单位必须开展的工作。重点监管单位通过编制自行监测报告，将与监测相关的内容记录下来，供管理部门和重点监管单位使用，同时定期按要求进行信息报送和公开，以自证其环境守法状况，接受管理部门和社会公众的监督。本章围绕土壤和地下水自行监测报告的编制进行说明，为土壤污染重点监管单位编制土壤和地下水自行监测报告、公开监测数据及信息提供参考。

8.1　信息记录与报告的目的与意义

土壤和地下水自行监测报告的目的和意义体现在以下几个方面。

一是企业自证守法的重要依据。《土壤法》第十九条规定，生产、使用、贮存、运输、回收、处置、排放有毒有害物质的单位和个人，应当采取有效措施，防止有毒有害物质渗漏、流失、扬散，避免土壤受到污染。对企业所在地块内土壤和地下水质量状况的定期监测，是企业自证土壤污染防治措施已落实到位的重要依据。

二是便于监测结果溯源。监测的环节很多，任何一个环节出现问题，都可能造成监测结果的错误。通过编制报告，可将自行监测过程中各个重要环节的原始

信息记录和保留下来，一旦发现监测结果存在可疑之处，就可以通过查阅相关记录，检查哪个环节出现了问题。对于不影响监测结果的问题，可以通过追溯监测过程进行校正，从而获得正确的结果。

三是便于规范监测过程。认真记录各个监测环节的信息，便于规范监测活动，避免由于疏忽而遗忘个别程序，从而影响监测结果。通过对记录信息的分析，也可以发现影响监测过程的一些关键因素，这也利于对监测过程的改进。

四是可以实现信息间的相互校验。通过各种过程信息的记录和数据分析，可以更好地反映工业企业的生产、排放及其对土壤和地下水环境质量状况的影响情况，从而便于建立监测信息与企业生产信息、污染防治信息的逻辑关系，为实现信息间的互相校验，加强数据间的质量控制提供基础。通过记录和分析各类信息，可以形成重点监管单位生产排放、污染防治、对土壤和地下水环境质量状况的影响等全链条的证据链，避免单方面信息不足以说明。

总而言之，企业自行监测相关信息的收集、分析、留存和报送，有助于重点监管单位及时记录其生产排放、污染防治、对土壤和地下水环境质量状况的影响信息，为研究在产工业企业土壤和地下水的污染特征、污染物迁移转化规律、污染防治的薄弱环节等具有重要的意义，也为相关领域科学研究的开展提供了大量基础信息。基于这些基础信息，利用大数据分析方法，可以更好地探索污染产生和迁移转化的规律，为科学制定相关技术要求奠定良好基础。

8.2 报告大纲

8.2.1 工作背景

①工作由来。本部分应说明企业开展土壤和地下水自行监测工作的由来，如土壤污染重点监管单位开展自行监测，应说明企业被列入重点监管单位的原因和时间。

②工作依据。本部分应说明企业开展土壤和地下水自行监测工作的依据，如《土壤和地下水指南》等技术文件。各省（区、市）已经发布土壤和地下水自行监测相关技术规范并有参考的，也可在本部分一并明确。

③工作内容及技术路线。本部分应说明土壤和地下水自行监测工作的内容、程序和技术路线。

8.2.2　企业概况

①企业名称、地址、坐标等。企业坐标一般记录企业中心位置坐标。

②企业用地历史、行业分类、经营范围等。企业的行业分类和经营范围以开展自行监测当年的信息为准，地块历史上涉及其他生产活动的，应在该章节一并说明。

③企业用地已有的环境调查与监测情况。已有的环境调查与监测情况一般包括企业用地历史上涉及的土壤或地下水普查、土壤污染状况详查、土壤环境现状调查或地下水环境现状监测、土壤污染状况调查或地下水环境状况调查、企业前期自行监测及其他涉及土壤或地下水的调查或监测行为等。若企业历史上有所涉及的，应在本部分给出说明。

8.2.3　地勘资料

①地质信息。本部分应主要说明企业所在地块的地层分布情况，并提供工程地质剖面图。若企业存在目标采样层无土壤可采，未开展土壤监测的情况，应在本部分一并说明。

②水文地质信息。本部分应主要说明企业所在地块的地下水分布，流场特征，补、径、排条件等。存在地下水埋深过深等埋藏条件不适宜采样的情况时，应在本部分一并说明。

8.2.4 企业生产及污染防治情况

①企业生产概况。本部分应主要说明企业的生产历史、原辅材料及主要产品、生产工艺、产排污情况及“三废”处置情况等。

②企业总平面布置。本部分应提供包含企业各建、构筑物名称的总平面布置图。并应对各建、构筑物的功能、涉及的生产环节进行说明。

③各重点场所、重点设施设备情况。本部分应对各建、构筑物内的重点场所和重点设施设备进行逐个列举和分别说明，每个重点场所或重点设施设备应附图片，说明其涉及的原辅材料、生产功能、隐蔽性及已采取的土壤污染预防措施等。多个设施设备基本功能相同，或互为一个无法分割的有机整体时，可一起合并进行说明。

本部分还应综合根据各重点场所、重点设施设备涉有毒有害物质情况和污染途径，得出是否应开展监测的结论，为后续划分重点监测单元提供依据。

8.2.5 重点监测单元识别与分类

①重点单元情况。本部分主要说明企业内重点监测单元的分布情况，应以图件方式说明，必要时辅以文字解释。

②识别/分类结果及原因。本部分应对重点监测单元的划分情况和划分原因进行说明，如每个重点监测单元的面积、包含哪些重点场所或重点设施设备等。将重点场所或重点设施设备分布较密集的区域统一划分为一个重点监测单元的，应在本部分说明合并划分的原因和依据。

每个重点监测单元的分类情况（属于一类单元还是二类单元）及其依据也应在本部分说明。

③关注污染物。每个重点单元涉及的关注污染物应在本部分明确。

8.2.6　监测点位布设方案

①重点单元及相应监测点/监测井的布设位置。本部分应以企业总平面布置图为底图绘制，做到图例清晰、位置明确。

②各点位布设原因。本部分应分别说明前期识别出的各重点单元与各采样点位的对应情况。

满足不布设表层土壤监测点或深层土壤监测点的条件，故未布设相应监测点时，也应在本部分进行说明，并提供影像记录予以佐证。

③各点位监测指标及选取原因。本部分应说明本次监测为初次监测还是后续监测，并说明各点位监测指标及选取原因。

8.2.7　样品采集、保存、流转与制备

①现场采样位置、数量和深度。本部分应分点位说明现场采样位置、采样深度、每个点位样品采集的数量等。

②采样方法及程序（地下水采样应包含建井、洗井过程的描述）。本部分应明确采样所使用的工具、采样方法及采样程序等。

如果涉及地下水建井的，应包含建井和成井洗井过程的描述，并提供监测井结构图等建井材料作为附件。涉及地下水采样的，应包含采样前洗井过程的描述，并提供洗井记录单作为附件。

③样品保存、流转与制备。本部分应明确各样品保存、流转与制备的情况。测定不同指标的样品由于其要求不同，应分别说明。

8.2.8　监测结果分析

①土壤监测结果分析。

②地下水监测结果分析。

本部分主要包括土壤和地下水各监测指标采取的分析方法，各点位相关监测

结果描述及分析等。

监测结果的趋势分析一般只采用各年度自行监测的数据。企业用地历史上涉及土壤或地下水普查、土壤污染状况详查、土壤环境现状调查或地下水环境现状监测、土壤污染状况调查或地下水环境状况调查等工作的，可在本部分说明历史调查或监测的主要结论。

监测结果存在异常情况时，应在本部分分析其可能的成因。根据分析认为污染不由企业生产活动造成时，可在本部分进行说明。

8.2.9 质量保证与质量控制

①自行监测质量体系。

②监测方案制定的质量保证与控制。

③样品采集、保存、流转、制备与分析的质量保证与控制。

本部分主要说明企业或企业委托的相关机构开展自行监测的工作条件、配备的人员情况、仪器设备情况等，并说明在自行监测过程中，为保证监测结果准确可靠所采取的措施和程序等。

现场质量控制样相对偏差计算；空白样及平行样设置；基质加标、替代物加标、标准物质测试等质控结果数据量较大的，可以以附件形式提供。

8.2.10 结论与措施

①监测结论。本部分应提供明确的监测结论，如是否存在样品超标、监测结果是否存在上升趋势、污染物监测井中的污染物浓度是否明显高于对照点、企业关注污染物是否有检出等。

监测结果有异常的，还应明确异常点对应的重点单元及可能存在问题的重点场所、重点设施设备名称。

②企业针对监测结果拟采取的主要措施及原因。监测结果无异常的企业，可在本部分明确依照自行监测方案持续开展监测。监测结果存在异常的企业，应根

据监测结果及其风险在本部分说明拟采取的主要措施，如开展隐患排查、加密检测、污染状况调查、修复或风险管控等。

8.2.11　附件

①重点监测单元清单。企业内所有重点场所、重点设施设备在重点监测单元清单中均应有所体现，清单中划分的重点监测单元和设置的监测点位应与正文对应。

②实验室样品检测报告。检测报告应包含所有样品所采用的监测方法、仪器检出限及测试结果。开展检测的实验室名称、测试人员、收样及检测时间、现场质量控制样相对偏差计算；空白样及平行样设置；基质加标、替代物加标、标准物质测试等质控结果等信息也可在本部分体现。

③地下水监测井归档资料。监测井归档资料包括监测井设计、原始记录、成果资料、竣工报告、验收书的纸质和电子文档。

④地方生态环境主管部门要求或企业认为应当提交的其他相关资料。企业可根据地方生态环境主管部门要求和自身情况，提供相关资料以佐证自行监测工作的合规性。如明确地下水功能区划的相关文件等。

8.3　监测管理

《土壤法》第八十六条规定，土壤污染重点监管单位未制定、实施自行监测方案，或者未将监测数据报生态环境主管部门的，或土壤污染重点监管单位篡改、伪造监测数据的，由地方人民政府生态环境主管部门或者其他负有土壤污染防治监督管理职责的部门责令改正，处以罚款；拒不改正的，责令停产整治。

土壤污染重点监管单位作为土壤和地下水自行监测工作的实施主体，应根据生态环境主管部门的要求进行监测报告的编制、报送及信息公开，对其监测数据及信息公开内容的真实性和准确性负责，并配合生态环境主管部门的监督与检查。

附 录

附录 1

工业企业土壤和地下水自行监测　技术指南（试行）

（HJ 1209—2021）

附录 2

样品采集相关记录表模板

附录 2-1　地下水建井记录单（样式）

附录 2-2　地下水洗井记录单（样式）

附录 2-3　土壤采样记录单（样式）

附录 2-4　地下水采样记录单（样式）

附录 3

自行监测方案参考模板

参考文献

[1] US EPA. US EPA NPDES Permit Writers' Manual[S]. Washington D C：US EPA，1972.

[2] European Commission. E.U. Industrial Emissions Directive[EB/OL].[2023-01-12].

[3] US EPA. US EPA Emergency Planning and Community Right-to-Know Act[S]. Washington D C.：US EPA，1986.

[4] US EPA. US EPA Standards for Owners and Operators of Hazardous Waste Treatment，Storage，and Disposal Facilities[EB/OL].[2023-08-31].

[5] The Environmental Permitting（England and Wales）Regulations 2007，S.I.2007/3538 [EB/OL].[2023-08-10].

[6] US EPA. Resource Conservation and Recovery Act[S]. Washington D C：US EPA，1986.

[7] US EPA. RCRA，Superfund & EPCRA Call Center Training Module[S]. Washington D C：US EPA，2001.

[8] US EPA. Ground-Water Monitoring：Draft Technical Guidance[S]. Washington D C：US EPA，1992.

[9] US EPA. Statistical analysis of groundwater monitoring data at RCRA facilities，Unified Guidance[S]. Washington D C：US EPA，2009.

[10] US EPA. Ground-Water Monitoring Technical Enforcement Guidance Document[S]. Washington D C：US EPA，2002.

[11] American Petroleum Institute. Characteristics of dissolved petroleum hydrocarbon plumes，

Results from four studies[R]. Washington D C：API Soil/Groundwater Technical Task Force，1998.

[12] 伍斌，王斌，谷庆宝. 我国土壤环境标准体系建设研究[C]. 2019 年中国土壤学会土壤环境专业委员会、土壤化学专业委员会联合学术研讨会论文摘要集，2019.

[13] 刘瑞平，宋志晓，崔轩，等. 我国土壤环境管理政策进展与展望[J]. 中国环境管理，2021，13（5）：93-100.

[14] 张红振，邓璟菲，李书鹏，等. 系统构建我国土壤生态环境规划与政策体系[N]. 中国环境报，2019-11-07（3）.

[15] 席北斗. 危险废物填埋场地下水污染风险评估和分级管理技术[M]. 北京：中国环境科学出版社，2012.

[16] 罗毅. 推进企业自行监测　加强监测信息公开[J]. 环境保护，2013，41（17）：13-15.

[17] 曲格平. 中国环境保护四十年回顾及思考（回顾篇）[J]. 环境保护，2013，41（10）：10-17.

[18] 王军霞，唐桂刚. 解决自行监测"测""查""用"三大核心问题[J]. 环境经济，2017（8）：32-33.

[19] 薛澜，张慧勇. 第四次工业革命对环境治理体系建设的影响与挑战[J]. 中国人口·资源与环境，2017，27（09）：1-5.

[20] 张盛霖，邓高燕，黄勇奇. Mann-Kendall 检验法在 Excel 中的实现与应用[EB/OL].